和金牌月嫂学做
月子餐

高级营养师、高级母婴护理师　周　英◎编著

中国妇女出版社

作者序

吃对了，你会比孕前更美丽

产后如何瘦身？到底能不能瘦下来？生产后身材会不会变形？这是很多新妈妈最最关心的问题。以我从事母婴护理工作十余年的经验，我敢肯定地告诉您，只要您饮食搭配合理，就一定能恢复到怀孕前的身材！

我曾遇到过这样一位新妈妈，她很漂亮，身材也很好，总担心生产后身材会变形，每次只吃一点点就不敢再吃了，孩子的奶奶和姥姥都很担心，说就吃这么一点儿饭营养怎么够，哪里能有奶给孩子吃呀！我就劝慰她："你现在的情况不是不吃饭就能使体重降下来，因为你在怀孕期间体内存留了很多水分，就算你吃得再少，只要体内的水分和恶露排不干净，子宫和内脏收不回去，你的身材就不能恢复。你就听我的，按我给你调配的吃，我保证让你 1 个月内恢复到怀孕前的体重。"她说："真的吗？我真的还能恢复到怀孕前的身材吗？"我说："只要你按我给你配制的饮食调理，就一定能！"结果通过我一排、二收、三四补的科学调理方法，让她吃得既营养美味又能快速瘦身，她每隔两三天就称一次体重，每次都会减少一两斤，在孩子满月那天，她的体重竟然瘦到了还剩 90 斤（她怀孕前 89 斤），穿上怀孕前的衣服还像一个小姑娘一样！而且不仅身材恢复得很好，脸色也很红润，就连她的婆婆都说她真是越来越漂亮了，来家里看望她的同事、朋友也都说："怎么比生孩子之前还漂亮呢，气色更好，人也更有韵味了！"其中一个同事也是刚生完孩子不久，看到她恢复得那么好，当场就后悔得掉眼泪，因为在她坐月子时是她妈妈按以前的方法给她调理的，结果腰粗体胖，身材完全变形。她非常后悔当初没有多学习这方面的专业知识，以致造成自己身材走样。

这件事说明，月子期间饮食是非常重要的，如果饮食搭配不合理，就会落下水桶腰、内脏下垂、身体肥胖等后遗症。但也不是不吃或少吃饭才能减少体重，只有通过科学合理的饮食方法，才能让你吃出美丽、吃出健康、吃出好身材！

Preface

目录

Content

第一章

坐月子，吃是头等大事 1

第二章

吃什么，明星食材大盘点 3

粮谷类 4

·红枣/小米/红豆/薏米/糯米/糙米 4

·黑米/花生/黑豆/黄豆/豆腐/黑芝麻/玉米 5

·红薯/醪糟/龙须面/面包、馒头、花卷/小点心/豆沙包/馄饨 6

荤菜类 7

·公鸡/鸽子/乌鸡/排骨 7

·猪肝/猪腰/猪心/猪蹄/鲫鱼/鲈鱼/羊肉 8

·牛肉/鸡肝/海参/鸡心/对虾/鸡蛋/甲鱼 9

素菜类 10

·西葫芦/小油菜/红萝卜/白萝卜/山药/圆白菜/木耳 10

·菠菜/丝瓜/芹菜/西红柿/白菜 11

·莲藕/海带/黄瓜/冬瓜/香菇 12

·菜花/茄子/蘑菇/黄花菜/莴笋/豌豆 13

干果类 14

·核桃/莲子/百合/桂圆肉/银耳/藕粉 14

水果类 15

·苹果/木瓜/桃/榴莲/葡萄/龙眼 15

·香蕉/山楂/火龙果/樱桃/猕猴桃 16

调料类 17

·红糖/白糖/冰糖/料酒/老姜/大葱

中药类 18

·当归/杜仲/黄芪/通草/党参/王不留行籽/川芎/穿山甲/枸杞子/路路通 18

·花旗参（西洋参）/炮姜/冬虫夏草/炙草/干贝/人参/川七/肉桂/荔枝壳/熟地黄/益母草/白术/桃仁/茯苓 19

·甘草/何首乌/白芍/决明子/柴胡/五味子/续断/干山楂/陈皮/芡实/观音串 20

·香附/鸡血藤/三七粉/蒲公英/燕窝/生化汤/补气血/月子饮/药膳腰花所用中药材/药膳炖鸡所用中药材 21

·十全鱼汤所用中药材/催奶药/帮助子宫收缩 22

其他类 22

第三章

怎么吃，原则、禁忌细梳理 23

按阶段调养：一排二调三四补 24
· 产后第一周：代谢排毒阶段 24
· 产后第二周：调整催乳阶段 25
· 产后第三周：滋养泌乳阶段 25
· 产后第四周：体力恢复阶段 25
按要求制作 25
· 互相补益，合理搭配 25
· 文火、武火熟练掌控 25
· 了解药性，巧煲药膳 25
· 喝汤催乳，适时适度 25
坐月子饮食禁忌 26
· 忌饮食过咸 26
· 忌喝刺激性饮品 26
· 忌辛辣食物 26
· 忌食寒凉生冷食物 26
· 忌多吃鸡蛋 27
· 忌食味精 27
· 忌食麦乳精 27
· 忌滋补过量 27
· 忌多喝浓汤 27
· 忌马上节食 27
· 忌久喝红糖水 28
· 忌产后马上服人参 28
· 忌食巧克力 28
· 尽量少喝白开水 28

第四章

月子营养餐，每日搭配与制作 29
第一周 代谢排毒周 30
· 月子餐之第一天 30
· 月子餐之第二天 31
· 月子餐之第三天 38
· 月子餐之第四天 44
· 月子餐之第五天 48
· 月子餐之第六天 55
· 月子餐之第七天 63
第二周 收缩内脏周 70
· 月子餐之第八天 70
· 月子餐之第九天 76
· 月子餐之第十天 82
· 月子餐之第十一天 87
· 月子餐之第十二天 91
· 月子餐之第十三天 94
· 月子餐之第十四天 98
第三周 滋养进补周 102
· 月子餐之第十五天 102
· 月子餐之第十六天 106
· 月子餐之第十七天 109
· 月子餐之第十八天 113
· 月子餐之第十九天 117
· 月子餐之第二十天 121
· 月子餐之第二十一天 124
第四周 体力恢复周 127
· 月子餐之第二十二天 127

· 月子餐之第二十三天 130
· 月子餐之第二十四天 133
· 月子餐第之二十五天 135
· 月子餐之第二十六天 138
· 月子餐之第二十七天 141
· 月子餐之第二十八天 143

第五章

治疗性食谱 147

催乳食材 148

· 金针菜 / 豆腐 / 茭白 / 豌豆 / 莴笋 / 丝瓜 148

催乳食疗方 149

· 鲫鱼通草汤 149
· 公鸡汤 149
· 乌鸡榴莲汤 151
· 黄豆花生炖猪蹄 151
· 王不留行穿山甲猪蹄汤 152
· 丝瓜豆腐汤 153
· 木瓜牛奶 153
· 木瓜牛奶蒸蛋 153
· 鸡蛋芝麻盐儿 153

治疗便秘食材 154

· 红薯 / 番茄 / 木耳 / 丝瓜 / 莲藕 / 海带 / 苹果 / 蘑菇 / 香蕉 / 白菜 / 火龙果 154

便秘食疗方 155

· 菠菜煮猪肝 155
· 松子仁粥 155

产后身痛食疗方 156

· 归枣牛蹄筋花生汤 156
· 香附去痛粥 156

产后发热食疗方 157

· 桃仁粥 157
· 归芪蒸鸡 157
· 红豆冬瓜皮茶 158

产后腹痛食疗方 159

· 益母草煮鸡蛋 159
· 川芎茶 159
· 当归生姜羊肉汤 160

理气疏肝食疗方 161

· 王不留行穿山甲猪蹄汤 161
· 丝瓜桃仁汤 161

恶露不下食疗方 162

· 麻油炒猪肝 162
· 山药炒猪肝 162
· 三七粥 162
· 红豆醪糟蛋花汤 163
· 红花糯米粥 163

恶露不止食疗方 164

· 人参蒸乌鸡 164
· 益母草木耳汤 164
乳汁外溢食疗方 165
· 党参大枣粥 165
回奶方 166
· 自然回奶 166
· 人工回奶、食物回奶法 166
· 生麦芽汁 167
镇静安神食材 168
· 莲子/莲藕/桂圆/猪心/百合/鸡心/红枣/冬虫夏草/丝瓜/干贝/冬瓜/芹菜 168
海鲜类食谱 169
· 虫草蒸对虾 169
· 清炖甲鱼汤 170
· 西洋参甲鱼汤 171
燕窝常见做法 172
· 燕窝乳鸽羹 172
· 冰糖乳鸽燕窝羹 172

第六章

不同职业新妈妈饮食建议 173
久坐型新妈妈饮食建议 174
脑力型新妈妈饮食建议 174
劳动型新妈妈饮食建议 174

月子食谱分类索引 175

第一章

坐月子，吃是头等大事

常言说“正确坐月子，健康一辈子”。生儿育女是人生大事，而坐月子是女性一生中改善体质的最好时机。把握这个机会，将月子坐好，能让产后松弛的腹部恢复平坦，改善孕期的不适症状，让孕期被挤压的内脏回到原来的位置，就像怀孕前一样健康、美丽！

坐月子的过程，实际上是产妇整个生殖系统恢复的过程，需要从饮食和生活起居两个方面进行调理，让身体完全复原。

那么，如何才能坐好月子呢？坐月子的饮食方式正确，起 60% 的决定性作用；坐月子的生活方式和休养方式正确，各起 20% 的决定性作用。

温馨提示：

没坐好月子的后遗症

怀孕期间臀部有多宽，产后还有多宽。

内脏下垂，神经痛，腰酸背痛，下腹突出，乳房下垂，容易胀气。

孕期脸上出现的斑点，产后依然存在。

血液循环不佳，手脚冰冷——内分泌调整不良所致。

易衰老，这是最常见也是最容易被发现的后遗症。

妇科疾病，如子宫内膜异位、子宫肌瘤、盆腔炎等。

第二章

吃什么，明星食材大盘点

粮谷类

红枣 2500克（5斤）

补血安神，活血止痛。与芹菜同煮可降低胆固醇。红枣中含有维生素A、B族维生素及氨基酸等，经常食用能使面部肤色红润。

小米 1000克（2斤）

易消化，养胃，加入红糖可补血，帮助产妇恢复体力，还能刺激肠蠕动。

红豆 1000克（2斤）

补血，消除水肿，可改善产后贫血。

薏米 1000克（2斤）

利尿消肿，美颜瘦身，可改善产后水肿并且美化皮肤，改善色斑问题（月经期忌食）。

糯米 1000克(2斤)

可防止胃下垂。

糙米 500克（1斤）

含有大量纤维素，具有减肥、净化血液、预防便秘、改善肠胃、帮助新陈代谢及排毒等作用。

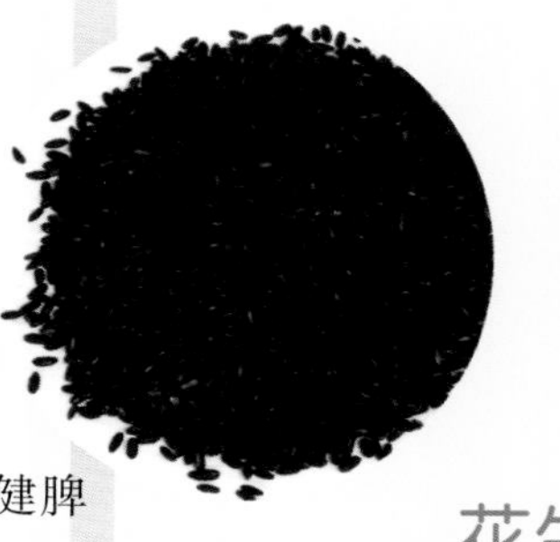

黑米 500克（1斤）

黑米具有开胃益中、健脾暖肝、明目活血之功效，对于妇女产后虚弱、病后体虚以及贫血、肾虚均有很好的补养作用。

花生 500克(1斤)

能养血通乳，可治疗贫血、出血症。

黄豆 500克（1斤）

含有丰富的蛋白质和多种人体必需的氨基酸，可以提高人体免疫力、保护心脏、降糖、降脂，同时可使皮肤保持弹性，以及有养颜的作用。

黑豆 500克（1斤）

含丰富的植物性蛋白，对脚气、水肿、腹部和身体肌肉松弛者有改善作用。

豆腐 适量

益气和中，生津润燥，清热解毒。

黑芝麻 500克（1斤）

富含维生素E，能有效抑制产妇体内自由基的活跃，是长期以来公认的产后美容佳品，月子里经常食用还能预防产后脱发。含钙高，多吃可预防钙质流失及便秘。

玉米 适量

有开胃、健脾、除湿、利尿等作用，主治腹泻、消化不良、水肿等。钙含量接近乳制品，维生素含量也非常高，还可降低胆固醇。

醪糟 适量

有利于产妇利水消肿，还可促进乳汁分泌。

红薯 适量

高含量的膳食纤维有促进胃肠蠕动、预防便秘和结肠癌的作用。

面包、馒头、花卷 适量

经过发酵的面包、馒头、花卷有利于消化吸收。产妇月子期间消化功能比较弱，更适合吃这类食物。

龙须面 适量

面条的主要营养成分有蛋白质、脂肪、碳水化合物等；易于消化吸收，有补血益气、提高免疫力、均衡营养等功效。

豆沙包 适量

豆沙包不仅松软、易消化，其中的红小豆还有补血、利水、促进乳汁分泌的功效，是产妇、哺乳期女性最好的食物。

小点心 适量

小点心甜香可口，富含铁、钙、磷，富有营养，很适合产褥期的新妈妈作为加餐食用。

馄饨 适量

既营养又美味，适合产后血虚、体弱、便秘的产妇。

荤菜类

公鸡

产妇分娩时，血液中的雌激素会随胎盘的脱出而大幅度降低。此时，催乳素开始发挥泌乳作用。产妇分娩后若食用老母鸡汤，母鸡卵巢中所含的雌激素可使产妇血液里的雌激素再次上升，抑制催乳素分泌，造成产后乳汁不足甚至无奶。

公鸡睾丸中含有少量的雄激素，因为雄激素有对抗雌激素的作用，所以，产妇产后最好吃公鸡，能促进乳汁分泌；而且公鸡的脂肪较少，产妇吃了不容易发胖，有助于哺乳期保持较好的身材。

温馨提示

鸡屁股是淋巴最为集中的地方，也是储存病菌、病毒和致癌物的“仓库”，应弃掉不要。

鸽子

俗话说“一鸽胜九鸡”，鸽子的营养价值很高，有补肝壮肾、益气补血、清热解毒、健神补脑、提高记忆力、降低血压、调整人体血糖、养颜美容、加快伤口愈合的功效。可以用冬虫夏草、人参、当归、丹参、红枣等滋养中药与鸽子炖汤食用。

乌鸡

经医学研究，乌鸡内含丰富的蛋白质、B族维生素、18种氨基酸和18种微量元素，其中维生素E、磷、铁、钾的含量均高于普通鸡肉，特别是富含极高滋补药用价值的黑色素，有滋阴补肾、养血补虚作用，能调节人体免疫功能和抗衰老。乌鸡自古享有“药鸡”之称，对产后乳汁不足及气血亏虚引起的月经不调、子宫虚寒、行经腹痛等症，均有很好的疗效，是相当好的药用滋补品。

排骨

富含钙、磷、B族维生素及蛋白质，有助于产后气血循环。

猪肝

产后1～7天要吃麻油猪肝。猪肝具有破血功效，可将子宫内的血块打散，有助于子宫内的污血排出体外。

温馨提示

买猪肝时可以用手指压一下，应选择有弹性、颜色鲜艳的，如果压下去硬硬的就不要买。由于肝脏是动物体内的解毒器官，烹饪前先用清水浸泡1小时以上，再用清水冲5分钟。

猪腰

能强化肾脏、促进子宫收缩、治疗腰酸背痛。

猪心

可补血安神、活血化瘀、疏通血脉、强化心脏。

猪蹄

能补血通乳、治疗产后缺奶。中医认为，猪蹄有强肾壮腰和通乳的作用，适用于肾虚所致的腰膝酸软和产妇产后乳汁缺少症；而且猪蹄中含有丰富的胶原蛋白，能增加皮肤的弹性、减少皱纹。

鲫鱼

富含蛋白质，能促进伤口复原、强化生理机能。

鲈鱼

含钙、磷、铁、维生素A、B族维生素。

羊肉

羊肉的热量高于牛肉，铁的含量是猪肉的6倍，能促进血液循环，具有造血的显著功效，是冬季最佳补品。

牛肉

能消水肿，除湿气，补虚，强筋骨。

鸡肝

能滋补肝肾、明目。

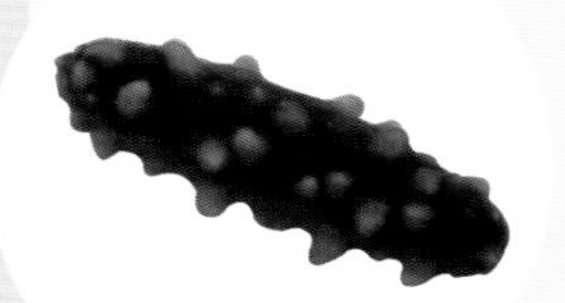

鸡心

可补心安神、理气舒肝、降压。

海参

是零胆固醇食品，蛋白质含量高，适合产后虚弱、消瘦、乏力、肾虚水肿及有黄疸者食用。

对虾

虾肉有养血通乳、化瘀解毒、通络止痛、开胃化痰等功效，适宜乳汁不通、筋骨疼痛、手足抽搐、全身瘙痒、身体虚弱和神经衰弱者食用。

鸡蛋

鸡蛋富含维生素、矿物质和蛋白质等多种营养物质，具有健脑益智、保护肝脏、预防癌症、延缓衰老、补肺养血、滋阴润燥、防治动脉硬化等功效。蛋黄中的铁质对贫血的产妇有疗效。

甲鱼

别名“元鱼”“老鳖”“王八”，可滋阴补肾、化淤降火，对于贫血、体质虚弱者有一定的辅助疗效，并有助产妇身材恢复。炖甲鱼汤时要一次加足水。

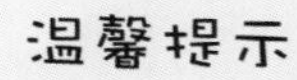

温馨提示

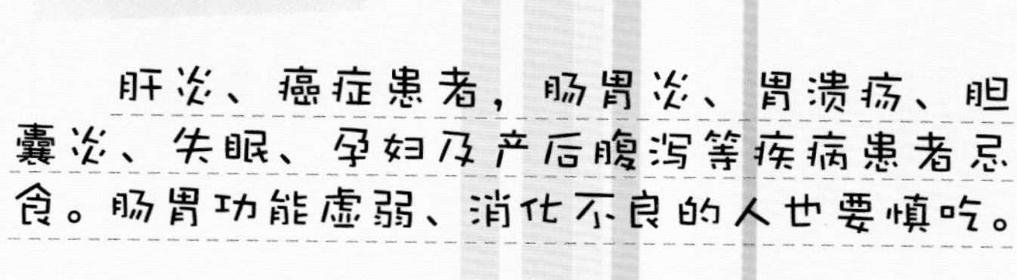

肝炎、癌症患者，肠胃炎、胃溃疡、胆囊炎、失眠、孕妇及产后腹泻等疾病患者忌食。肠胃功能虚弱、消化不良的人也要慎吃。

素菜类

西葫芦

西葫芦具有清热利尿、除烦止渴、润肺止咳、消肿散结的功能，可用于辅助治疗水肿、腹胀、烦渴，可调节人体代谢，具有减肥、润泽肌肤的作用。

小油菜

能活血化瘀、解毒消肿，还能增强肝脏的排毒机制，含有大量胡萝卜素、维生素C、钙、铁，有助于增强机体免疫能力。油菜含钙量在绿叶蔬菜中为最高。

红萝卜

可消除眼睛疲劳、增加小肠吸收功能。

白萝卜

有消除胀气、利尿的作用。

山药

可促进血液循环，帮助消化，益肾，消水肿。

木耳

能活血化瘀、消滞通便，对贫血、腰膝酸软有功效。木耳中铁的含量极为丰富，故常吃木耳能养血驻颜，令人肌肤红润、容光焕发，并可防治缺铁性贫血（月经期忌食）。

圆白菜

含膳食纤维，有助于消化及排毒。

菠菜

含有大量植物粗纤维，具有促进肠道蠕动的作用，利于排便。

芹菜

镇静安神，有利于安定情绪、消除烦躁；利尿消肿，芹菜中含有利尿成分，可消除体内的水钠潴留；还能降血压，对于原发性及妊娠高血压均有效。

白菜

含有丰富的粗纤维，不但能促进排毒，还能刺激肠胃蠕动、大便排泄，帮助消化，对预防肠癌也有良好作用。白菜中含有丰富的维生素C、维生素E，白菜具有护肤和养颜的功效。

丝瓜

含多种维生素，具有除烦理气、解毒通便、祛风化痰、润肌美容、通经络、行血脉、下乳汁等功效，可治疗因气血阻滞导致的胸肋疼痛、乳房肿痛等病症。

西红柿

补血养颜，健胃消食，润肠通便，有降压、利尿、消肿作用；可清除体内有毒物质，恢复机体器官正常功能；西红柿含胡萝卜素和维生素A、维生素C，有祛斑、美容、抗衰老、护肤等功效；西红柿汁还对消除狐臭有一定疗效。

温馨提示

美国纽约激素研究所的科学家发现，中国和日本女性乳腺癌发病率之所以比西方女性低很多，是由于她们常吃白菜的缘故。白菜中有一些微量元素，能帮助分解同乳腺癌相关的雌激素。

莲藕

祛瘀生新，可及早清除腹内积存的淤血、增进食欲、促使奶水分泌，还能缓解神经紧张、帮助排便、促进新陈代谢、消除胀气。

海带

刺激肠道蠕动，促进排便，利尿，增加人体对钙的吸收，预防高血压，预防乳腺癌和甲状腺肿瘤，抑制肠道内产生致癌物的细菌。在油腻过多的食物中掺点海带，可减少脂肪在体内的积存。在所有食物中，海带的含碘量最高，碘是人体内一种必需的微量元素。

黄瓜

《本草纲目》中记载，黄瓜有清热、解渴、利水、消肿、降血糖之功效。黄瓜是可以美容的瓜菜，被称为“厨房里的美容剂”，经常食用或贴在皮肤上可有效抵抗皮肤老化、减少皱纹的产生，并可防止唇炎、口角炎。黄瓜中的苦味素有抗癌的作用。黄瓜还是很好的减肥食品。但不要吃腌黄瓜，因为腌黄瓜含盐，反而会引起肥胖。

冬瓜

清热毒，利小便，止渴除烦，祛湿解暑。但体弱肾虚时应少食，否则会引起腰酸背痛；体胖想瘦身者可多食。

香菇

香菇可提高免疫力，还有补肝肾、健脾胃、益智安神、美容养颜之功效。

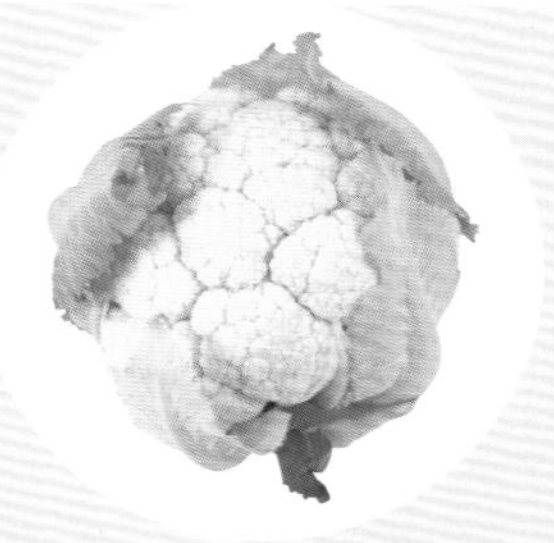

菜花

有白、绿两种，绿色的又叫“西蓝花”。两种菜花营养、作用基本相同，绿色的比白色的胡萝卜素含量高，容易消化吸收。菜花的维生素C含量极高，能提高人体免疫功能，促进肝脏解毒，尤其是在防治胃癌、乳腺癌方面效果尤佳。有降低人体内雌激素水平的作用，可以降低及阻止黑色素的形成，经常食用对肌肤有很好的美白效果。

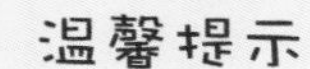

对希望减肥的人来说，它可以填饱肚子而不会使你发胖。

富含蛋白质和矿物质，可消除产后腹痛，促进睡眠。

茄子

曾有试验证明，从茄子中提取的一种无毒物质，对治疗胃癌、子宫颈癌等有良效。茄子还含有丰富的营养成分，蛋白质和钙含量非常高。

蘑菇

可防治癌症。日本科学家从蘑菇中提取了一种具有抗癌作用的多糖，对治疗乳腺癌、皮肤癌、肺癌都有一定的效果。蘑菇可通便排毒，对预防便秘、肠癌、动脉硬化、糖尿病等十分有利，对降低血压也有明显效果。

性平，具有益中气、止泻痢、利小便、消痈肿之功效，主治乳汁不通、脾胃不适、心腹胀痛等病症，还具有去除面部色斑、美容养颜、促进大肠蠕动、保持大便畅通的作用。但豌豆吃多了容易腹胀，故消化不良者不宜大量食用。

莴笋

具有通乳、清热利尿的功效。

干果类

莲子

可清热解毒（便秘者忌服）。

核桃

有补血养气、补肾通便、补大脑、美颜、抗衰老之功效。我们都知道核桃是补脑的食物，其实，核桃除了补脑以外还能促进睡眠、保护我们的心脏。核桃虽然营养价值很高，但一次不要吃得太多，否则会影响消化。

桂圆肉

补气血，益智，可改善产后气血不足、体虚乏力，对于健忘、头晕失眠也有改善功效（阴虚火旺、月经量多者忌服）。

百合

具有清火、润肺、安神功效。

温馨提示

以上食材皆能安神，减少情绪不稳的情况，可缓解焦躁情绪，对改善产后抑郁症有益，并可延缓衰老。

银耳

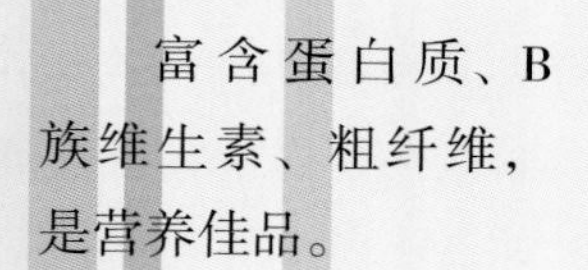

富含蛋白质、B族维生素、粗纤维，是营养佳品。

藕粉

生藕属凉性，加工成藕粉后变成温性，既易消化又有清热养胃、益气养血、止血等功效，含有钙、铁、磷及多种维生素。

水果类

有选择地食用水果，不仅不会使产妇着凉，反而有益于产后恢复。以下是适合产妇食用的水果：

苹果

性平，有解暑、开胃的功效，可促进消化和肠壁蠕动、减少便秘，还可促进大脑发育、增强记忆力。

木瓜

性平，有降压、解毒、消肿、帮助乳汁分泌、让胸部更丰满、消脂减肥等功效。木瓜中含有一种木瓜素，有高度分解蛋白质的能力，鱼肉、蛋品等食物在极短时间内便可被它分解成人体很容易吸收的养分，直接刺激母体乳腺的分泌，对产妇产后乳汁稀少或乳汁不下很有疗效。

桃

性平，含有多种维生素，以及钙、磷、铁等矿物质，尤其是铁的含量较高，能补益气血、养阴生津、缓解水肿、活血润肠，对产后气血亏虚、面黄肌瘦、慢性发热、盗汗等症有食疗效果。

榴莲

性热，对促进血液循环有良好的作用，产后虚寒不妨以此为补品。榴莲性热，不易消化，多吃易上火，与山竹伴食可平定其热性。

葡萄

性平，有补气血、强筋骨、利小便的功效。因其含铁量较高，所以可补血，适于女性产后失血过多时食用。

龙眼

又称“桂圆”，性温，补气血，安神，产后体质虚弱者适当吃些新鲜的桂圆或干的龙眼肉，既能补脾胃之气，又能补心血不足。

香蕉

性寒，有清热、润肠的功效。产后食用香蕉,可使人心情舒畅、安静，有催眠作用，甚至使疼痛感下降。香蕉中含有大量的纤维素和铁质，有通便补血的作用，可有效防止因产妇卧床休息时间过长、胃肠蠕动较差而造成的便秘。因其性寒，每日不可多食。

山楂

性温，有提神清脑、止血清胃和增进食欲的作用，能降低血压及血胆固醇的含量。如果适当吃些山楂，能够增进食欲、帮助消化。另外，山楂有散瘀活血作用，有助于排出子宫内的淤血、减轻腹痛。

火龙果

有预防便秘、益智补脑，预防贫血、美白皮肤、防黑斑的功效，还具有瘦身、防大肠癌等功效，能明显改善失眠、健忘、神疲等症，具有降血糖、消肿解毒、止血止痛等疗效。

樱桃

含铁量高，位于各种水果之首，可防治缺铁性贫血、增强体质、健脑益智。能祛风除湿，对风湿腰腿疼痛有良效。樱桃营养丰富，所含蛋白质、糖、磷、胡萝卜素、维生素 C 等均比苹果高，常用樱桃汁涂擦面部及皱纹处，能使面部皮肤红润嫩白、祛皱消斑。

猕猴桃

性凉，维生素 C 含量极高，有解热、利尿、通乳的功效，对于剖宫产术后恢复有利。因其性凉，食用前应用热水烫温。每日 1 个为宜。

温馨提示

风湿腰腿痛者、体质虚弱及上火者适量食用，糖尿病者少食。

调料类

红糖

具有活血化瘀的作用，能补血、暖胃，有助于产后子宫收缩和恶露排出。

冰糖

能补充体内水分和糖分，具有补充体液、供给能量、补充血糖、强心利尿、解毒等作用。

老姜

老姜的功用在于祛寒、温暖子宫，以帮助排出恶露。可增强血液循环，使全身发热，有助于驱逐体内风寒。

白糖

白糖除了具备红糖的一些功效外，还具有润肺、生津的功能。另外，白糖除了给产妇食用外，对一些有发热、出汗多、手足心潮热、咽干等病症的患者可补充热量、改善血液循环。

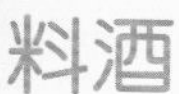

料酒

主要功效是在烹饪中去膻腥、解油腻。

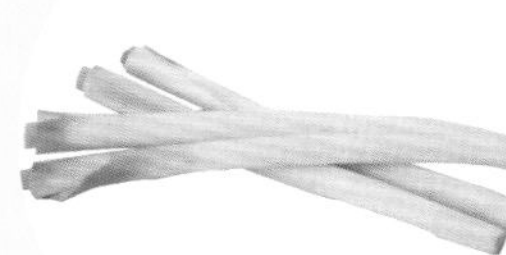

大葱

大葱性温，是我们常用的调味品之一。葱能去除腥膻等油腻和菜肴中的异味，产生特殊香气，并有较强的杀菌作用；可以刺激消化液的分泌，增进食欲。葱还能起到发汗、祛痰、利尿作用，是治疗感冒的中药之一。

中药类

当归

补血，补气，能调节子宫收缩、活血止血。

黄芪

生黄芪可利尿消肿、去毒生机；炙黄芪可补气、治疗气衰血虚。肠胃炎、高血压患者慎用。不宜与龟甲同时入药。

党参

可补气血。

川芎

活血止痛，可治疗头痛、产后瘀阻，刺激子宫收缩。

枸杞子

可明目补血、滋肾补肝、延缓衰老，还可治疗产后腰膝酸软、疲倦乏力。

杜仲

能补肝肾、强筋骨，可治疗腰酸背痛、阴部湿痒、痛经、子宫出血、慢性盆腔炎等病症。

通草

可清热利尿、通气下乳，用于湿温尿赤、淋病涩痛、水肿尿少、乳汁不下。

王不留行籽

可活血通经，用于乳汁不下、闭经、痛经、乳痈肿痛等。

穿山甲

有活血通络、消肿排脓、祛风止痛、通乳等功能。古语有“穿山甲，王不留，妇人服了乳长流”之说。

路路通

可祛风通络、利水除湿，治疗风湿性腰痛、心胃气痛、少乳、湿疹、皮炎等。

花旗参（西洋参）

可治疗虚热烦倦，改善产后精神不济。

冬虫夏草

含多种营养成分，可保肺益肾、镇静安神。

干贝

有稳定情绪的作用，可治疗产后抑郁症。

川七

可止血散瘀、消肿止痛，治疗各种出血、疼痛症状。

荔枝壳

可利尿排水，改善产后水肿。

益母草

可促进子宫收缩。

桃仁

可活血化瘀，有破血行瘀、润燥滑肠的功效。

炮姜

能温经散寒。

炙草

有止痛功效。

人参

大补元气，调节中枢神经系统。主治气血不足引起的心神不安、失眠健忘，常配养心安神药。

肉桂

可散寒止痛、活血通经，对产后淤滞、腹痛有功效。

熟地黄

能补血滋阴、补益精髓。

白术

健脾益气，燥湿利水。

茯苓

具有利水、健脾和胃、宁心安神的功效。

甘草

补脾益气，清热解毒，止痛，用于脾胃虚弱、倦怠乏力、心悸气短。

白芍

养血柔肝，缓中止痛，同甘草配合用可以缓解各种胸腹及四肢疼痛。

柴胡

可退热、疏肝、解郁，对胸满胁痛、口苦耳聋、头痛目眩、月经不调、子宫下垂有功效。

续断

补肝肾，舒筋骨，行血脉，可治疗因肝肾亏虚引起的腰痛、腰膝酸痛、足软无力及筋伤骨折、骨节疼痛等症。

陈皮

用于胸腹胀满等症。

芡实

具有益肾固精、补脾止泻、祛湿止带的功能。

何首乌

解毒，消痈，润肠通便。

决明子

清肝泻火，养阴明目，降压降脂。

五味子

具有明显的镇静作用，可延长睡眠时间，作用与安定药相似；可增加肝脏解毒能力，具有收肺气、祛痰、镇咳作用；能提高心肌代谢酶活性，改善心肌的营养和功能。

干山楂

可活血化瘀、健胃消食，对产后淤阻、闭经、产后腹痛、恶露不尽有疗效。

观音串

味甘微苦，主治劳倦乏力、子宫脱垂、脾虚水肿、风湿痹痛、月经不调等症，具有补气血、祛湿、补虚健脾之功效。

香附

理气解郁，止痛调经，可治肝胃不和、气郁不舒、胸腹胁肋胀痛、月经不调等。

三七粉

止血，散瘀，消肿，对产后血晕、恶露不下、跌扑淤血、外伤出血、痈肿疼痛有疗效。

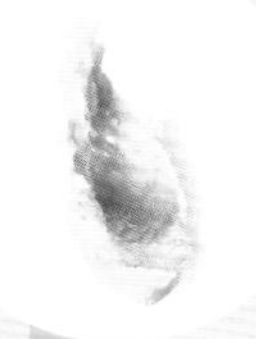

燕窝

燕窝性平，补肺养阴，补虚养胃，能滋阴调中、美容润肤、减少皱纹、滋阴润燥。

补气血

当归、黄芪、党参、枸杞、干贝、冬虫夏草、西洋参各300克。

药膳腰花所用中药材

1包（杜仲6克、续断6克、黄芪6克、当归5克、枸杞子10克、党参8克、红枣2颗）。

鸡血藤

有行气、舒筋活血、养血调经的功能，主治手足麻木、肢体瘫痪、风湿痹痛、月经不调等。

蒲公英

具有清热解毒、消痈散结、消炎凉血等功效，能解毒、散结、通乳，可治疗乳房热痛、急性乳腺炎等。可内服或外敷，常配金银花等同用。

生化汤

当归16克，川芎10克，桃仁、炮姜、炙草各5克，分包装，顺产7包，剖宫产14包。

月子饮

干山楂、观音串、荔枝壳、决明子、甘草各300克。

药膳炖鸡所用中药材

2包（当归6克、党参6克、黄芪10克、甘草4克、陈皮4克、柴胡4克、升麻2克、红枣7颗）。

十全鱼汤所用中药材

2包（人参、肉桂、川芎、熟地黄、白术、茯苓、甘草、黄芪、当归、白芍各5克）。

以上药包写上中药名字。

帮助子宫收缩

杜仲50克。

黑麻姜油2瓶。

煲汤锅（煲汤用），小沙锅（熬药用）。

催奶药

通草50克、王不留行100克、路路通50克、穿山甲50克。

其他类

药料盒（煲汤时装药材用，也可用一次性茶叶袋）。

多功能料理机（做加餐用）。

第三章

怎么吃，原则、禁忌细梳理

按阶段调养：一排二调三四补

将产后 1 个月按周划分，每周根据需要安排不同的饮食。

产后第一周：代谢排毒阶段

排出体内的废血（恶露）、废水、废气，主要以活血化瘀、促进气血恢复、促进恶露和毒素排出、帮助伤口愈合、利水消肿为主。可根据产妇身体情况制作不同的月子餐。

刚生下宝宝的新妈妈，因生产过程中体力的消耗、血液的流失，身体还处于非常虚弱的状态，此时肠胃蠕动也比较弱，对食物的消化与营养吸收功能还没恢复，所以饮食要以清淡、易消化、不油腻、营养丰富为主。

剖宫产术后容易腹胀，所以不要进食胀气食物。术后 6 小时内不能吃任何食物，6 小时后可食用一些有助于排气的食物，如萝卜汤、小米汤等流食。一次不要吃得太多，1 天分 6 ~ 8 次进食。排气后可吃些稀、软、烂的半流食，如小米粥、鸡蛋汤、软面条等，1 天吃 5 ~ 6 次。

温馨提示

前期不能吃鱼虾等发性食物，不能喝牛奶、红糖水、甜食等，以防胀气。

顺产的新妈妈，进食时间没有特别的要求，可根据实际需要进食。先进食少量食物以补充体力，然后再逐渐增加食量。饮食要以清淡、易消化为主，如红糖水、各种粥、软面条、豆沙包、馄饨等。多食新鲜蔬菜、水果，以增进肠蠕动，防止便秘。

分娩后 1 ~ 3 天不要急于进食炖汤类食物，因为汤类可促进乳汁分泌，而此时产妇的乳腺管还不通畅，过早催乳会使乳房胀痛。

饭菜要清淡，不能太油腻。油腻的食物不仅会使产妇反胃，还会通过奶水使新生儿腹泻。

少吃盐：吃得太咸会使体内水分滞留，影响体形的恢复，产后每日食盐量不得超过 5 克。

应多食用一些补血、排毒、利水的食物。

产后第二周：调整催乳阶段

主要收缩子宫和盆腔，增加乳汁分泌，预防腰酸背痛（因孕期子宫受压迫，产妇容易腰酸背痛），恢复体力。

多食杜仲猪腰、排骨、公鸡、鲫鱼等，还可以加一些有催乳作用的中药、水果。

产后何时催乳应因人而异。如果产后乳多可适当推迟喝汤时间，喝汤量也可适当减少，以免造成乳汁淤积、乳房胀痛，甚者可能发生急性乳腺炎。但是如果乳汁少就要及时添加催乳汤催乳，以免因无乳而心情紧张。

产后第三周：滋养泌乳阶段

经过 2 周的调养，产妇的身体基本已经恢复正常，这时就可以开始进补充足的营养，以帮助其恢复体力了。

产后第四周：体力恢复阶段

产后第四周是新妈妈从月子进入正常生活的过渡阶段。本阶段主要是调养产妇体质、帮助产妇恢复到最佳体力与健康状态。

按要求制作

互相补益，合理搭配

了解可以互补的食物，提高组合效果。科学合理的搭配可以提高营养的吸收，比如做猪蹄汤可以适当加入一些花生，以平衡营养、增进催乳的效果；酸性的肉类可以加入海带，起到中和的效果。

文火、武火熟练掌控

火候的掌握，简单地说就是文火、武火的熟练掌控。大火烧沸，小火慢炖，使食材中的营养物质充分溶解在汤中。

了解药性，巧煲药膳

煲药膳的时候要先了解所用中药的药性。不同的中药特点各不相同，煲出来的药膳也大不一样。最好选择没什么副作用的中药，比如当归、枸杞、黄芪等。当然，在煲汤的时候还需要考虑到产妇的身体特质，每个人的体质不一样，所以煲汤的药材并不是适合所有的产妇。

喝汤催乳，适时适度

宝宝刚出生时，新妈妈乳房分泌的乳汁为初乳，此时的乳汁比较黏稠，色黄。如果过早喝催乳汤，乳汁下得过快、过多， 而此时宝宝胃口小，吃不了那么多，乳腺管不够通畅，会使乳汁淤积、乳管堵塞而出现乳房胀痛，甚者可能发生急性乳腺炎。所以催乳汤最好到产后第二至三周再开始喝。

温馨提示

人有个体差异，每位产妇都要量身订做适合自己的月子餐。

坐月子饮食禁忌

忌饮食过咸

盐中的钠可引起水潴留。怀孕到了晚期，体内的水分要比怀孕前增多40%，分娩后需要一段时间才能将身体内多余的水分排泄出去。月子期间若饮食太咸，会导致体内水分无法排出，松弛的内脏不易收缩，甚至乳房也会跟着松弛下垂。

少吃盐不等于不吃盐，坐月子期间也要摄入少量的盐，因产后出汗多、排尿多，需要补充一定的盐来维持水电解质的平衡。

忌喝刺激性饮品

一些刺激性饮品，如浓茶、咖啡、巧克力、酒精等，会影响睡眠及肠胃功能，对婴儿不利。比如产妇在喂奶期间饮茶，茶内的咖啡因可通过乳汁进入婴儿体内，引起婴儿肠痉挛。所以，产妇在哺乳期不宜饮用浓茶、咖啡和酒。

忌辛辣食物

辛辣温燥食物可使产妇上火，出现口舌生疮、大便秘结或痔疮等症状，并且还会通过乳汁使婴儿内热加重，引起口腔炎、流口水等毛病。所以产妇不宜吃韭菜、蒜、辣椒、茴香等辛辣食物，尤其在产后1周之内应禁忌。

忌食寒凉生冷食物

生冷食物既伤脾胃，又影响消化吸收，也容易导致瘀血滞留，引起产后腹痛、恶露不下、乳汁不足或无乳，不但不利于产妇恶露的排出和淤血的去除，严重的还会影响婴儿的正常发育，导致婴儿吐奶、腹泻、腹胀等症。此外，产妇月子期间牙齿都是松动的，生冷食物还会给产妇的牙齿带来不良影响。

母乳喂养的新妈妈就算坐完月子，也不能随便吃生冷和不易消化的食物，如不注意会引起宝宝腹泻。如果天气实在炎热又特别想吃点冷饮，最好在给宝宝喂奶后吃，这样等到下次喂奶时，对宝宝的影响就会小一些。

忌多吃鸡蛋

有的新妈妈为了增加营养，把鸡蛋当成主食来吃。其实鸡蛋并非吃得越多越好。医学研究表明，生产后数小时内最好不要吃鸡蛋。因为产妇在分娩过程中体力消耗大，出汗多，消化能力也随之下降，若分娩后立即吃鸡蛋，难以消化，会增加胃肠负担。

每天吃 3 ~ 4 个鸡蛋就足够了。研究还表明，不论是刚分娩的新妈妈还是普通人，1 天吃十几个鸡蛋与 1 天吃 3 个鸡蛋，身体所吸收的营养是一样的，吃多了只会增加肠胃负担，甚至可能会引起胃病。

忌食味精

味精含有谷氨酸钠，它与婴儿血液中的锌结合后，会生成不能被机体吸收的谷氨酸，导致婴儿锌的缺乏，造成婴儿味觉差、厌食等问题，还可能造成婴儿智力减退、生长发育缓慢等不良后果。所以，为了避免婴儿出现缺锌症，哺乳期妈妈最好不要吃味精。

忌食麦乳精

麦乳精的主要原料麦芽糖和麦芽酚都是从麦芽中提取的，而麦芽是中医退奶的主要药物，如产妇饮用过多的麦乳精会影响乳汁的分泌。所以，产妇坐月子期间不能食用麦乳精。

忌滋补过量

如果新妈妈营养过剩，会使奶水中的脂肪含量增多。即使宝宝胃肠能够吸收，也会造成宝宝肥胖，使宝宝发育不均、行动不便，成为肥胖儿，对其身体健康和智力发育都不利；若宝宝消化能力较差，不能充分吸收，就会出现腹泻，而长期慢性腹泻又会造成营养不良。因此，月子餐一定要科学合理地进行营养搭配，不可造成营养过剩。

忌多喝浓汤

新妈妈产后多喝高脂肪浓汤，不但影响食欲，还会使人身体发胖、体态变形，并且使乳汁中的脂肪含量过高，使新宝宝因不能耐受和吸收而引起腹泻。

忌马上节食

新妈妈怀孕后体重会增加，许多产妇为了恢复产前的苗条身材，产后便开始节食。新妈妈怀孕后所增加的体重，主要是滞留的水分和脂肪，一旦给宝宝授乳，必然会消耗体内的大量水分和脂肪，体内储存的脂肪根本不够。所以新妈妈不仅不能节食，而且还要补充一定的营养。

忌久喝红糖水

红糖性温，它的功效是活血化瘀、补血暖胃、帮助恶露排出、促进子宫收缩。顺产者从能够进食开始喝，剖宫产者排气后开始喝，两者都是喝7～10天。因在分娩10天后恶露逐渐减少，子宫收缩也恢复正常，如若喝红糖水时间过长，会使恶露血量增多，造成新妈妈贫血。

忌产后马上服人参

许多新妈妈为了增加营养，产后马上就服用人参。殊不知，这样不仅对身体没有好处，对新妈妈的健康还有损害。因为人参含有多种成分，其中有一些成分会对人体中枢神经产生兴奋作用，食用后会使产妇出现失眠、烦躁、心神不宁等症状，反而影响产妇的休息和身体恢复。人参是大补元气的滋补品，可促进血液循环、加速血液的流动。新妈妈分娩后内外生殖器的血管都有一定的损伤，过早服用人参，有可能会影响受损血管的自行愈合，造成流血不止，甚至引起大出血。

忌食巧克力

很多新妈妈都爱吃巧克力，但产后要给宝宝喂奶，若食用巧克力，会对新生儿产生不良影响。因为巧克力所含的可可碱、咖啡因、兴奋剂等成分会通过乳汁被婴儿吸收，损伤神经系统和心脏，还会造成宝宝消化不良、睡眠不稳；产妇还会发胖，影响乳汁分泌。

尽量少喝白开水

怀孕晚期会有水肿现象，月子期间要让体内水分尽量排出，如果又喝进很多水，可能导致小腹突出、身材变形。剖宫产的妈妈可能要服用一些药物，需适当饮水，但切记不可一次大量喝水。

温馨提示

月子期间最好以月子饮料代替白开水。

第四章

月子营养餐，每日搭配与制作

通过饮食调养，排出体内的废血（恶露）、废水、废气。

月子餐之第一天

剖宫产手术后 6 小时如没排气，就先喝点白开水、白萝卜水、小米汤等促进排气；排气后可吃点小米粥、软面条、鸡蛋羹之类的半流食。不能吃鱼、虾等发性食品，不能喝牛奶、红糖水、甜食等，以防胀气。

顺产可根据身体情况吃一些半流食（同上）。

小米粥

材料

小米。

做法

小米洗净，冷水烧开后放入小米，大火烧开转小火慢煮，待米粒熟烂、粥液黏稠即可。

功效

补脾健胃，抗衰老，治疗失眠。

我国北方有用小米加红糖来调养产妇身体的传统。小米熬粥营养价值丰富，有“代参汤”之美称。对于产后滋阴养血大有益处。

温馨提示

粥是产妇月子期间最好的食物，不同的粥也有不同的作用。开水煮粥不会煳底，比冷水熬粥更省时间。

鸡蛋羹

材料

鸡蛋 2 个，盐适量。

做法

将鸡蛋磕入碗中，加少许盐，再加入一点儿温水，用筷子打散，放入蒸锅，蒸 10 分钟左右即可。

月子餐之第二天

剖宫产者如还没排气，就只能喝点小米汤或萝卜水。顺产者可以按以下介绍配餐。

早餐

红糖二米粥或四神猪肝粥（适于剖宫产后 3 天吃）

+

豆沙包（可以在超市买）

+

生化汤

加餐

美颜红豆汤

午餐

软面条 + 生化汤

加餐

养肝汤

（神奇茶）

晚餐

红薯白米粥或四神猪肝粥（适用于剖宫产后 3 天吃）+ 豆沙包 + 生化汤

加餐

牛奶燕麦粥

全天饮料

红糖水

红糖二米粥

材料

大米、小米各 50 克，红糖适量。

做法

大米、小米淘洗干净；锅里放入适量清水，烧开后放入小米和大米，大火烧开后转小火熬煮 30 分钟左右；放入红糖，再熬煮几分钟即可。

功效

具有补脾、和胃、清肺功效，能刺激胃液的分泌，有助于消化。

四神猪肝粥

（适用于剖宫产后 3 天吃）

材料

新鲜山药 100 克，薏米 100 克，通心莲子 10 克，猪肝 50 克，米酒水 500 毫升。

做法

薏米淘洗干净，泡入米酒水 8 小时备用；山药去皮洗净切丁；猪肝洗净切丁，氽烫后煮熟备用；将薏米、莲子、山药放碗里加米酒水，隔水蒸 1 小时后加入猪肝拌匀即可。

功效

补血补气，利水，防止伤口发炎。

生化汤

材料（1日份）

当归16克，川芎8克，桃仁（去心）3克，炮姜3克，炙草（蜜甘草）3克（以上药材各大药店都可买到，买时可分包装，顺产7包，剖宫产14包）。

做法

将所有药材洗净入锅，加700毫升米酒水（如果没有米酒水用普通水也可），大火煮开再以慢火熬煮，直到锅内米酒量约剩200毫升；把药汁倒出，再加米酒水300毫升继续煮，直到锅内米酒剩100毫升；将第一次煮的和第二次煮的倒在一起（共300毫升）。

喝法

每次正餐前先空腹喝100毫升，分早、中、晚3次喝完。顺产喝1周，剖宫产喝2周。

功效

当归、川芎可刺激子宫收缩，桃仁可活血化瘀，炮姜能温经散寒，炙草有止痛功效，放在一起制成生化汤可活血化瘀、排出恶露，使子宫收缩。

温馨提示：

虽然生化汤有补血、祛恶露的效果，但若喝得过多反而会造成对子宫的伤害，所以产后喝够上述要求即可，不要喝得过多。

美颜红豆汤

材料

红豆100克，米酒水500毫升（如没有米酒水用普通水也可），红糖30克。

做法

将红豆洗净，放入米酒水中加盖泡8小时，然后将红豆放入锅里加水，大火烧开转小火煮1小时左右，红豆开花熟烂加入红糖即可。也可用高压锅，大火烧开后转小火煮15分钟左右，最后加入红糖即可。

食用

适合整个月子期间食用。

功效

强心利尿，让体内的废水从正常管道（排尿）排出，消水肿。

温馨提示

每日食用量需控制在两碗以内，否则易胀气。

软面条

材料

西红柿1个，鸡蛋1个，龙须面、小油菜、食用油、盐适量。

做法

西红柿洗净切块，将鸡蛋打入碗内，小油菜洗净备用；锅内放油烧热，放鸡蛋、西红柿煸炒；放水，水烧开后放龙须面，煮一会儿再放入青菜、盐，煮至面条软烂即可。

养肝汤（神奇茶）

材料（1日份）

红枣 10 颗，水 500 毫升。

做法

红枣洗净，用刀划开，放在容器中，用开水冲泡，加盖泡 8 小时（夏天应放入冰箱冷藏）；放在蒸锅里蒸，大火烧开转小火蒸40分钟，只喝汤。

功效

可有效解除实施剖宫产手术时所用麻药可能带来的副作用，例如胀气、掉头发、失眠、记忆力减退、便秘等症状。

剖宫产者喝 2 周，每天上午加餐时喝。

红薯白米粥

材料

白米 50 克，红薯 1/2 个，水 500 毫升。

做法

锅内加水烧开，将白米淘洗干净；红薯去皮切小块，与白米一同放入锅内，大火煮开转小火，煮至米粒软烂、粥液黏稠即可。

牛奶燕麦粥

材料

速溶燕麦片3勺，牛奶1袋，白糖适量。

做法

锅内少加一点儿水烧开，放入燕麦片煮1分钟左右，加入牛奶和白糖即可。

功效

燕麦片含有丰富的B族维生素、维生素E及矿物质，具有养心安神、润肺通肠、补虚养血及促进代谢的功用，还具有抗氧化、增加肌肤活性、延缓肌肤衰老、美白保湿、减少色斑皱纹、减肥瘦身、抗过敏等功效，是女性产后气虚之滋补佳品。

温馨提示

大家都知道哺乳期不能吃麦芽，因为麦芽有回奶作用，但是全麦面包和燕麦片是可以食用的。因为全麦面包是大麦做的，是粮食，燕麦片是燕麦粒压轧而成的，而麦芽是将麦粒用水浸泡后，在温室待幼芽长至约0.5厘米时使其干燥而成，和全麦面包和燕麦片完全不是一个概念。

红糖水

月子里的饮品，红糖水应排在首位。产妇在生产过程中消耗大量精力和体力，加上失血过多，红糖水是顺产产妇产后最好的饮品，它既能补血，又能促进子宫收缩和恶露排出。

红糖水不能长期饮用，以7 ~ 10天为宜。剖宫产者排气以后再喝。

温馨提示

红糖水最好煮开后再喝，不要用开水一冲就喝，因为红糖在运输、储藏的过程中可能会产生细菌，不煮开可能会引发疾病。

月子餐之第三天

早餐

红豆糯米粥

+

麻油炒猪肝

+

生化汤

加餐

美颜茶

午餐

豆沙包 + 丝瓜炒鸡蛋 + 生化汤

加餐

醪糟蛋花汤

晚餐

鸡蛋羹 + 生化汤

加餐

山药红豆汤

全天饮料

红糖水

红豆糯米粥

材料

红豆 50 克，糯米 100 克，红枣 6 颗，红糖适量。

做法

先将红豆、糯米淘洗干净，提前浸泡 8 小时以上；红枣洗净，提前泡半小时；锅内放适量清水，烧开后将泡好的红豆、糯米和红枣一同放入锅内；大火烧开转小火熬煮 1 小时左右，出锅加入红糖即可。

功效

红豆可补气养血、消除水肿，可改善产后贫血；糯米带有黏性，能促进肠蠕动，防止胃下垂，但不易消化，每日 1 碗为宜。

麻油炒猪肝

（顺产后第一周食用）

材料

猪肝300克，老姜30克，胡麻油适量。

做法

将猪肝切成1厘米的厚片，老姜连皮切成薄片（要厚薄一致）；将胡麻油倒入锅内（如没有胡麻油也可用芝麻油），用中火烧热，放入老姜转小火，爆到姜片的两面起皱，呈褐色但不焦黑；转大火，放入猪肝炒至变色；加入米酒水煮开（也可以用普通水代替），转小火煮2分钟，关火出锅。

功效

具有破血功效，将子宫内的血块打散，有助于子宫内的污血排出体外，产后1~7天吃。

美颜茶

材料

党参1根，大红枣十几颗，枸杞子20克。

做法

先把党参和红枣洗净，加水煲1小时，再放入枸杞子煲半小时，熬至汤汁呈暗红色、有很浓的红枣味就好了。盛入保温壶内，当白开水分多次喝完。

功效

补血、补气又补脸色。

温馨提示

如果便秘，可吃1根香蕉（放到微波炉里面转30秒再吃）；也可把香蕉切成小段，放入粥中同煮，可清热、润肠、通便。

丝瓜炒鸡蛋

材料

丝瓜1~2根，鸡蛋2个，食用油、盐各适量。

做法

将丝瓜切片，鸡蛋磕入碗内打散；锅内放油烧热，倒入鸡蛋，再放入丝瓜，放入一点儿盐，翻炒至熟烂即可。

醪糟蛋花汤

材料

醪糟300克，鸡蛋1个，红枣3颗，枸杞子、红糖各适量。

做法

红枣洗净，提前泡一会儿，去掉枣核；锅里放入适量冷水，然后放入处理好的红枣、醪糟、枸杞子、红糖；鸡蛋1个磕入碗中，用筷子打散成蛋液；水烧开后将蛋液打入，呈鸡蛋花状即可。

功效

北方人所说的"醪糟"，南方人叫"酒酿"，醪糟不仅可以益气、活血，还有散寒消积、营养滋补之功效，有利水消肿之功效，还可促进乳汁分泌；鸡蛋富含维生素、矿物质和蛋白质等多种营养物质，具有健脑益智、保护肝脏、延缓衰老、补肺养血、滋阴润燥等功效。

山药红豆汤

材料

红豆 100 克，山药 100 克，红糖适量。

做法

红豆提前浸泡 8 小时，先煮红豆，快熟烂时加入山药块，最后放红糖。

功效

可改善水肿、帮助消化。

月子餐之第四天

早餐

红枣小米粥 + 豆沙包

+ 山药炒猪肝 + 生化汤

加餐

养肝汤

午餐

馒头

清炒油麦菜

清炖鸽子汤

生化汤

加餐

桂圆糯米粥

晚餐

生化汤

+ 鸽子汤煮面

加餐

美颜红豆汤

全天饮料

红糖水

红枣小米粥

材料

小米 50 克，红枣 5 颗，红糖 10 克。

做法

小米淘洗干净；红枣洗净，去核备用；锅里放入适量清水，烧开后放入小米、红枣，大火烧开后转小火熬煮 30 分钟左右，最后放入红糖，再熬煮几分钟即可。

功效

我国北方喜欢用小米调养产妇身体，小米营养丰富，易消化，养胃；红枣能补血安神、活血止痛，还能帮助产妇恢复体力，刺激肠蠕动，对产后滋阴养血有特效。

山药炒猪肝

材料

山药 50 克，带皮老姜 6 片，猪肝 150 克，黑麻油 30 毫升，米酒水 500 毫升。

做法

将猪肝洗净切成 1 厘米厚的片备用，山药去皮洗净、切成小块；锅内加入水和山药块，大火煮开转小火煮 30 分钟；炒锅放麻油，大火烧热放入姜片后转小火，爆至褐色但不焦黑；倒入猪肝转大火炒至变色，加入山药汤汁和米酒水煮开即可。

功效

补肾气，去恶露。

清炒油麦菜

材料

油麦菜500克，食用油、盐、生抽、葱花适量。

做法

油麦菜洗净切段；锅内放油烧热，放入葱花爆香，放入油麦菜煸炒，放一点儿盐和生抽，炒至油麦菜熟透即可。

功效

油麦菜中含有丰富的钙、铁和维生素C，胡萝卜素也很丰富，有促进血液循环、散血消肿的作用。产后淤血、腹痛，有丹毒、肿痛、脓疮可通过食用油麦菜辅助治疗。

清炖鸽子汤

材料

鸽子1只，葱1根，姜6片，料酒适量。

做法

将鸽子去除内脏清洗干净，把葱、姜塞入鸽子腹中；将鸽子放入沙锅中，倒凉水没过鸽子；大火烧开，放入料酒，小火炖烂即可。

食用

整个月子期间都可食用。

功效

鸽子汤是滋补功效最好的汤。鸽子有补肝壮肾、益气补血、清热解毒、健神补脑、提高记忆力、降血压、调血糖、养颜美容、加快伤口愈合的功效。

桂圆糯米粥

材料

糯米 50 克，桂圆肉 15 枚，黑（红）砂糖适量。

做法

糯米洗净，放入米酒水中，加盖泡 3 小时；桂圆糯泡 30 分钟；锅内加水，烧开，放入已浸泡好的糯米；大火烧开转小火熬 30 分钟，放入桂圆再煮 10 分钟，加入黑糖或红糖调味即可。

功效

糯米带有黏性，能适度刺激肠道，助其恢复蠕动力，并能防止内脏下垂，预防便秘。但糯米不易消化，吃多易胀气，每日要控制在 2 碗以内。

鸽子汤煮面

材料

鸽子汤适量，西红柿 1 个，青菜 3 棵，面条或面片适量，盐少许。

做法

将鸽子汤放入锅内，加点儿西红柿、青菜，烧开后加入面条或面片，加点盐，煮熟即可。

月子餐之第五天

早餐

花生百合粥 + 豆沙包 + 麻油炒猪肝 + 生化汤

加餐

红枣银耳莲子汤

午餐

薏米饭 + 西芹炒鸡蛋

+ 补气养血公鸡汤

+ 生化汤

加餐

红枣枸杞黑米粥

晚餐

红枣桂圆小米粥 + 馒头

+ 清炒油麦菜 + 生化汤

加餐

苹果奶昔

全天饮料

红糖水

花生百合粥

材料

花生 50 克，粳米 100 克，百合、冰糖各适量。

做法

将花生洗净捣碎，百合撕成小片；花生、粳米洗净一同下锅，加适量水，大火烧开后转小火煮 20 分钟左右，然后加入百合片；煮 15 分钟加入冰糖，待冰糖溶化即可。

功效

有养血通乳、清火、润肺、安神等功效。

红枣银耳莲子汤

材料

银耳 15 克，莲子 20 克，红枣 3 颗，冰糖适量。

做法

银耳提前泡发；红枣洗净，先泡一会儿，然后去核；先煮银耳，慢火煲 1 小时后放入莲子和红枣，再煮 30 分钟；最后加入冰糖，待冰糖溶化即可。

功效

银耳又称为“穷人的燕窝”，燕窝虽补，却价格昂贵。银耳无论颜色、口感、功效都和燕窝相似，价格便宜，所以称为“穷人的燕窝”。

温馨提示

红枣银耳汤不但能丰胸，还能使你的脸色白里透红、体态轻盈苗条。银耳能提高肝脏的解毒能力，滋阴润燥，祛除脸部斑点；其中的膳食纤维可助胃肠蠕动，减少脂肪吸收，从而达到减肥的效果。

薏米饭

材料

薏米 1/2 杯，白米 1/2 杯（以一次性纸杯为准）。

做法

薏米淘洗干净，提前泡一晚上；将浸泡好的薏米和白米放入电饭锅内，水漫过 1.5 厘米左右，蒸熟即可。

功效

薏米含有丰富的淀粉，可利尿消肿、美颜瘦身，能改善产后水肿，并且可美化皮肤，改善色斑问题。

西芹炒鸡蛋

材料

西芹 200 克，鸡蛋 2 个，葱、姜、食用油、盐各适量。

做法

西芹去叶洗净，斜切；鸡蛋磕碗里打散；锅内放油烧热，放入鸡蛋，炒至八成熟盛出；锅内再放少许油，放一点儿葱、姜炝锅，再放入芹菜煸炒一会儿，放入鸡蛋，加一点儿盐，待芹菜熟透即可盛出。

补气养血公鸡汤

材料

小公鸡1只，当归10克，黄芪50克，党参30克，红枣3颗，姜10克，葱1根，精盐适量。

做法

将宰杀好的小公鸡用清水洗净，剁去鸡头和鸡爪，剁块，汆烫去除血沫；中药洗净；沙锅内加清水，将公鸡、当归、黄芪、党参、红枣、葱、姜一同放入；大火烧开转小火炖3小时左右，放入精盐，再焖10分钟即可。

食用

整个月子期间都可食用。

功效

补血补气，促进乳汁分泌，帮助体力恢复。

红枣枸杞黑米粥

材料

黑米60克，大米20克，红枣30克，枸杞子5克，白糖适量。

做法

黑米淘洗干净，提前浸泡6小时；红枣洗净，提前10分钟泡上；锅内放适量清水，烧开后将浸泡好的黑米、大米、红枣一同放入锅内，大火烧开转小火熬煮半小时左右；放入枸杞子再煮5分钟，出锅加入白糖即可。

功效

具有滋阴补肾、补血安神、美颜等功效。

红枣桂圆小米粥

材料

小米100克，红枣30克，桂圆20克，红糖适量。

做法

锅内放适量清水，烧开后放入洗净的小米和红枣，大火烧开转小火熬煮半小时左右，放入桂圆再煮5分钟，出锅加入红糖即可。

功效

补气血、安神、养胃，可改善产后气血不足、体虚乏力。

苹果奶昔

材料

牛奶250克，苹果1个。

做法

将牛奶倒入碗里，微波炉加热2分钟；苹果去皮切块，与牛奶一同放入多功能料理机中搅拌，打碎即可。

功效

补充钙质，美容养颜。

月子餐之第六天

早餐

红豆薏米粥＋菠菜炒猪肝＋煮鸡蛋＋生化汤

加餐

木瓜牛奶

午餐

糙米饭

＋

山药木耳炖排骨（带汤）

＋

烧茄子

＋

生化汤

加餐

花生豆奶

晚餐

黑米饭＋白菜烧豆腐＋清炖鸽子汤＋生化汤

加餐

百合莲子羹

全天饮料

红糖水

红豆薏米粥

材料

红豆 50 克，薏米 100 克。

做法

先将红豆、薏米淘洗干净，提前浸泡 8 小时以上；锅内放适量清水，烧开后将泡好的红豆、薏米一同放入锅内，大火烧开转小火熬煮 1 小时左右即可。

功效

薏米在中药里称“薏苡仁”，可以治湿痹、利肠胃、消水肿、健脾益胃，久服轻身益气；红豆，在中药里称为“赤小豆”，也有明显的利水消肿、健脾胃之功效。

关于薏米和红豆的消肿作用，千万不要以为肿就是水肿。10 个人里面起码有五六个身体发福，这也是肿，叫做“体态臃肿”。在中医看来，肥胖也好，水肿也好，都意味着体内有湿气。实践证明，薏米红豆粥具有良好的减肥功效，既能减肥又不伤身体，尤其是对于中老年肥胖者，效果尤其好。

温馨提示

熬薏米红豆粥的时候，千万不能加大米！因为大米长在水里，含有湿气，湿性黏稠，所以大米一熬就稠了。红豆和薏米都是祛湿的，本身不含湿，所以它们怎么熬都不稠，汤很清。中医恰恰是利用了这种清的性质，把人体的湿给除掉，一旦加进去大米，就等于加进去了湿气，所以整个粥就稠了。虽然味道可能更好了，但对于养生来说并非好事，就因为那一把大米，所有的红豆、薏米就都白费了，功效全无。

菠菜炒猪肝

材料

猪肝 50 克，菠菜 100 克，老姜 2 片，麻油、米酒水、盐各适量。

做法

猪肝切成 0.5 厘米厚片，菠菜洗净切段；锅内放麻油用大火烧热，放入姜片转小火，爆至褐色但不焦黑；加入猪肝片转大火炒至变色，放入菠菜翻炒，加点米酒水，最后放盐出锅。

功效

菠菜富含维生素 A、钙、铁、膳食纤维；猪肝含维生素 A、叶酸和铁，有助于造血。此菜易消化，可助产妇迅速恢复体力。

木瓜牛奶

材料

木瓜 200 克，牛奶 200 克。

做法

将木瓜去皮洗净，切块放碗里，加入牛奶，放微波炉加热 2 分钟即可。

功效

促进乳汁分泌。

糙米饭

材料

糙米 1 杯，大米 1/2 杯（以一次性纸杯为准）。

做法

糙米淘洗干净，提前泡一晚上；将浸泡好的糙米和大米一起放入电饭锅内，水漫过 1.5 厘米左右，蒸熟即可。

功效

糙米中含有大量纤维素，具有减肥、净化血液、改善肠胃、预防便秘、防过敏、帮助新陈代谢及排毒等作用。

山药木耳炖排骨(带汤)

材料

排骨300克，山药100克，胡萝卜100克，黑木耳5克，带皮老姜5片，葱白1根，当归、黄芪、党参、枸杞子、盐各适量。

做法

黑木耳提前泡发；排骨洗净，汆烫，去血沫；山药、胡萝卜去皮切块；沙锅放水烧开，放入排骨、葱、姜和当归、黄芪、党参等中药，大火烧开转小火煮2小时；加入胡萝卜块、黑木耳、山药块，烧开转小火炖半小时左右，出锅放盐即可。

功效

活血化瘀，补肾养血，帮助消化，消水肿，补充钙质。

烧茄子

材料

茄子1个，西红柿1个，葱、姜、油、盐、生抽各适量。

做法

将茄子去皮洗净，切成滚刀块，西红柿切块，葱、姜切丝；炒锅内放油烧热，放葱、姜丝爆香，放入西红柿炒几下，再放入茄子煸炒，加一点儿盐、生抽，炒至茄子软烂即可。

花生豆奶

材料

黄豆、花生各 50 克，牛奶 250 克，白糖适量。

做法

先将黄豆、花生浸泡几小时，煮熟，然后将花生、黄豆、牛奶、白糖一同放入料理机内打成汁即可。

功效

润肤美颜，养血通乳，提高人体免疫力。

白菜烧豆腐

材料

白菜、豆腐、油、盐、生抽、白砂糖、葱、姜各适量。

做法

先将豆腐洗净，切成 1 厘米见方的厚片；白菜取叶部分洗净，手撕成大片；锅内放油烧热，放入豆腐片小火煎至两面金黄铲出，锅里留底油烧热后放入葱、姜爆香，放入白菜翻炒至出水，加入煎好的豆腐翻炒均匀，加入酱油、盐、白砂糖炖一会儿即可。

百合莲子羹

材料

银耳10克，干百合30克，莲子30克，枸杞子10克，红枣3颗，冰糖适量。

做法

银耳、干百合、莲子都洗净，分别提前泡发；红枣洗净，先泡一会儿去核；先把银耳放入锅内，大火烧开转小火煲煮1个半小时，待银耳煮至浓稠后放入莲子和红枣煮10分钟，然后放入百合煮半小时，最后放入枸杞子和冰糖稍煮，冰糖溶化后即可。

功效

可缓解焦躁情绪，有清热解毒、清火、润肺、安神之功效。

温馨提示

银耳要煮很长时间才会黏稠，莲子、百合煮的时间不能太长，不然就化成粉末了，并且莲子要在百合前入锅，枸杞子最后才放入，枸杞子放入过早会产生酸味。

月子餐之第七天

早餐

红枣桂圆小米粥＋麻油炒猪肝＋煮鸡蛋＋生化汤

加餐

木瓜牛奶蒸蛋

午餐

黑米饭＋丝瓜炒鸡蛋＋圆白菜炒木耳＋枸杞鸽子煲靓汤＋生化汤

加餐

木瓜银耳养颜汤

晚餐

馒头

西红柿炒西葫芦

鲫鱼五味子汤

生化汤

加餐

甜蜜桂圆红豆沙

全天饮料

红糖水

木瓜牛奶蒸蛋

材料

木瓜 200 克，牛奶 1 袋，鸡蛋 1 个。

做法

木瓜洗净，去皮、去籽，切块，平铺盘底；鸡蛋加牛奶打散，一起倒入盘内浇在木瓜上，隔水蒸 10 分钟就可以吃了。

功效

健脑益智，延缓衰老，美容护肤，帮助乳汁分泌，让胸部更丰满，消脂减肥。木瓜中含有一种木瓜素，能直接刺激乳腺的分泌，对产后乳汁稀少或乳汁不下很有疗效。

黑米饭

材料

黑米、白米各半杯（以一次性纸杯为准）。

做法

黑米淘洗干净，前一天晚上泡好；将浸泡好的黑米和白米一起放入电饭锅内，水漫过1.5厘米左右，蒸熟即可。

功效

多食黑米可开胃益中、健脾暖肝、明目活血，对于妇女产后虚弱、贫血、肾虚均有很好的补养作用。

圆白菜炒木耳

材料

圆白菜200克，黑木耳30克，食用油、盐、生抽、葱各适量。

做法

黑木耳提前泡发，圆白菜掰成小片；锅内放油烧热，葱花入锅煸香后放木耳，炒一会儿再放入圆白菜翻炒，加盐、生抽，炒至熟烂即可出锅。

功效

能活血化瘀，有助消化及排毒。

木瓜银耳养颜汤

材料

银耳 15 克，木瓜 100 克，红枣 3 颗，冰糖适量。

做法

银耳泡发，红枣洗净泡一会儿去核备用；木瓜去皮去籽，切块；先将银耳下锅，大火烧开后转小火慢煮 1 小时左右，待银耳煮至浓稠后加入红枣再熬 30 分钟，放入冰糖和木瓜再煮一会儿就可以了。

功效

滋阴润肺，补血安神，美容养颜，丰胸下乳。

枸杞鸽子煲靓汤

材料

肉鸽 1 只，山药半根，黑木耳两三朵，红枣 3 颗，枸杞子、姜片、葱段、料酒、盐各适量。

做法

将鸽子去除内脏清洗干净，冷水下锅；开锅撇沫，加入姜片、葱段、料酒、红枣；大火烧开转小火炖 2 个半小时左右，加入枸杞子、黑木耳和山药再炖半小时，加盐调味即可。

功效

鸽子的营养价值很高，能补肝壮肾、益气补血、强健身体、缓解病症。

西红柿炒西葫芦

材料

西红柿 1 个，西葫芦 1 个，食用油、盐、葱花各适量。

做法

西葫芦洗净后去皮切片，西红柿洗净后切小块备用；炒锅放油，烧热后放入葱花爆香，再放入切好的西葫芦、西红柿，翻炒至熟烂即可。

鲫鱼五味子汤

材料

鲫鱼 500 克，五味子 10 克。

做法

先将五味子洗净，用沙锅熬水去渣，然后将鲫鱼清洗干净，放入五味子药汤中，大火烧开转小火慢炖 1 小时左右，鱼熟即可。

功效

五味子具有明显的镇静作用，可增加肝脏解毒能力，对于产后多汗、失眠者有改善作用。

甜蜜桂圆红豆沙

材料

红豆 100 克，桂圆 50 克，砂糖适量。

做法

红豆提前浸泡 8 小时，先把红豆煮烂，再加入桂圆煮 15 分钟，然后此粥放入果汁机中加砂糖打成糊即可。

功效

补气补血，安神抗老。

温馨提示

顺产者今天喝完生化汤就可以不喝了，如是剖宫产者还要再喝 1 周。

收缩内脏周

收缩子宫和骨盆腔。

月子餐之第八天

早餐

养颜木瓜粥

\+

豆沙包

\+

麻油炒猪腰

加餐

花生豆奶

午餐

五谷饭 + 炒西蓝花 + 鲫鱼豆腐汤

加餐

红枣牛奶核桃露

晚餐

馒头 + 药膳排骨 + 香菇炒油菜

加餐

醪糟蛋花汤

全天饮料

月子饮料

养颜木瓜粥

材料

木瓜 100 克，糯米 50 克，红枣 30 克，桂圆 20 克，枸杞子 5 克，冰糖适量。

做法

糯米淘洗干净，提前浸泡 8 小时；红枣洗净，提前 10 分钟泡上；木瓜去皮、去籽，切块；锅内放适量清水，烧开后将浸泡好的糯米、红枣一同放入锅内，大火烧开转小火熬煮半小时左右（煮的同时可以把桂圆、枸杞子用清水泡上）；放入木瓜、桂圆、枸杞子、冰糖再煮 5 分钟即可。

功效

促进乳汁分泌，补血安神，消脂减肥。

麻油炒猪腰

材料

猪腰子1副，带皮老姜5片，麻油40毫升，米酒水100毫升。

做法

先将猪腰子洗净，从中间切成两半，把里面白色的尿腺剔除干净，然后在猪腰子表面切斜纹，再切成约3厘米宽的小片；锅内放麻油，中火烧热转小火，放入姜片，爆至两面起皱但不焦黑；放入猪腰子，转大火炒至猪腰变色，倒入米酒水煮2分钟即可。少加一点儿盐或不加盐。趁热吃。

功效

帮助子宫收缩，促进新陈代谢，强化肾脏，治疗腰酸背痛。

温馨提示：

老姜要连皮一起切片，要厚薄一致。猪腰子也可先氽烫一下。

五谷饭

材料

大米、小米、燕麦片、玉米片、糯米各5克。

做法

糯米提前泡8小时，将糯米、大米、小米、燕麦片、玉米片一同放入电饭煲内，放水以水超过材料1厘米左右为宜，蒸熟即可。

功效

营养均衡，能增加肠蠕动，预防便秘，还能帮助产妇恢复体力、防止营养不良。

鲫鱼豆腐汤

材料

鲫鱼1条(约半斤重)，豆腐100克，黄酒、葱段、姜片、精盐、食用油各适量。

做法

豆腐切片，锅内放水，加点盐，烧开放入豆腐煮5分钟后捞出备用；鲫鱼清理干净，抹上料酒、盐腌10分钟；铁锅放油，中火烧热转小火，放入姜片，爆至两面起皱但不焦黑；放鱼，煎至两面金黄；加水，大火烧开转小火慢炖1小时左右；加入豆腐片和葱段再煮1小时，出锅放盐调味即可。

功效

鲫鱼又称“喜头鱼”，意思是生孩子有喜时食用。鲫鱼营养丰富，对催乳有很好的疗效。豆腐富有营养，含蛋白质较多，对产后乳汁缺少有很好的疗效。

炒西蓝花

材料

西蓝花200克，西红柿1个，油、盐各适量。

做法

西红柿洗净，去皮，切块；西蓝花洗净掰成小块；炒锅放油烧热，放入西蓝花和西红柿煸炒，加入适量盐，炒熟即可。

功效

西蓝花富含维生素，又不会使人发胖，是美容减肥的佳品。

温馨提示：

西红柿经开水烫后更容易去皮。

红枣牛奶核桃露

材料

红枣3颗，牛奶1袋，核桃50克。

做法

红枣、核桃提前浸泡3小时，红枣去核；把牛奶用微波炉加热2分钟，然后一同放入料理机里打成汁即可。

功效

有补血美颜、镇静安神、补大脑、促进人体对钙和铁的吸收、增强肠胃蠕动的作用。

药膳排骨

材料

排骨500克，杜仲8克，黄芪10克，枸杞子10克，当归5克，红枣2颗，葱3段，带皮老姜6片。

做法

排骨在开水中汆烫后去血沫，捞出备用；中药洗净；沙锅加清水，排骨、葱、姜、中药包一同放入，大火烧开转小火慢炖3小时左右即可。

功效

预防腰酸背痛，补充体力。

注：包药材的袋可在超市买，也可用能封口的茶包替代。

香菇炒油菜

材料

油菜 6 棵，香菇 5 朵，葱花、食用油、盐各适量。

做法

干香菇提前泡发，洗净，油菜掰开洗净；炒锅放油烧热，爆香葱花，先放香菇炒一会儿，再放油菜，再炒一会儿放盐，熟烂时出锅。

功效

油菜可降低血脂，有解毒消肿、宽肠通便、强身健体之功效。

月子饮料

材料

干山楂、荔枝壳、观音串各 20 克，米酒水 1000 毫升。

做法

将原料一同放入沙锅或不锈钢锅内，大火烧开后转小火煮 30 分钟，约剩 800 毫升米酒水时关火，加入红糖稍煮，搅拌均匀，盛入保温瓶内。

食用

作为饮料，一天内分多次喝完。

功效

可活血化瘀、健胃消食、消烦止渴，对产后淤阻、闭经、产后腹痛、恶露不尽、产后水肿有疗效。

月子餐之第九天

早餐

花生百合粥

山药炒腰花

煮鸡蛋

加餐

薏香豆浆

午餐

五谷饭＋烧冬瓜＋通草鲫鱼汤

加餐

桂圆蜜枣炖木瓜

晚餐

馒头＋芹菜炒肉丝＋西红柿炒鸡蛋＋鲫鱼汤

加餐

花生黄豆浆

全天饮料

开胃瘦身茶

山药炒腰花

材料

猪腰子1副，山药100克，老姜3片，麻油30克，米酒水350毫升。

做法

将山药去皮，切小块，加入米酒水中大火烧开转小火煮30分钟备用；将猪腰子洗净，从中间切成两半，把里面白色的尿腺剔除干净，然后在猪腰子表面切斜纹，再切成约3厘米宽的小片；锅内放麻油，中火烧热后转小火，放入姜片，爆至两面起皱但不焦黑；放入猪腰子，转大火炒至猪腰子变色，加入山药水煮开即可。

功效

补肾气，促进收缩骨盆腔及子宫，促进血液循环，帮助消化。

薏香豆浆

材料

薏仁50克，豆浆300毫升。

做法

先把薏仁洗净，提前浸泡，放入容器里加适量水，隔水蒸熟，再和热豆浆一起打成汁即可饮用。

功效

薏仁具有利尿消肿、美颜瘦身功效，可改善产后水肿；豆浆富含蛋白质，并有平补肝肾、保护心血管、增强免疫力等功效。

通草鲫鱼汤

材料

鲫鱼 1 条（约 300 克），通草 30 克，葱 3 段，姜 5 片，盐、油适量。

做法

先将通草提前浸泡半小时，鲫鱼清理干净；锅内放油，中火烧热转小火，放入姜片，爆至两面起皱但不焦黑；放鱼煎至两面金黄，加入清水，将葱、通草一同放入，大火烧开转小火炖 2 小时左右，鱼汤呈乳白色即可，出锅放盐。

功效

清热利尿，通气下乳，对于产后乳汁缺少者有很好的催乳效果。

烧冬瓜

材料

冬瓜 500 克，五花肉 100 克，葱、姜、香菜、盐、生抽、食用油各适量。

做法

冬瓜去皮切片，五花肉洗净切片，葱、姜切丝；锅内放油烧热，放葱、姜炝锅；放五花肉煸炒至出油，放冬瓜，翻炒一会儿放点水、放点盐和生抽，炖至熟透，出锅放点香菜即可。

功效

清热毒，利小便，止渴除烦，祛湿解暑。

桂圆蜜枣炖木瓜

材料

青木瓜200克，蜜枣30克，桂圆30克，冰糖适量。

做法

先煮桂圆和蜜枣，再加入木瓜，最后放冰糖。

功效

青木瓜能刺激黄体激素、促进乳汁分泌，蜜枣可保护肝脏，有消除疲劳的功效。

芹菜炒肉丝

材料

西芹5根，瘦肉200克，葱、姜、油、盐适量。

做法

西芹去叶，洗净切段；瘦肉洗净，切成肉丝；葱、姜切丝；锅内放油烧热，放葱、姜丝爆香，放瘦肉丝炒至变色，加入芹菜段翻炒，加一点盐，炒至熟透即可。

花生黄豆浆

材料

花生 50 克，黄豆 50 克。

做法

花生、黄豆提前浸泡一晚，然后煮熟，放在料理机一起打碎成汁即可。也可放点冰糖或白糖。

功效

能保护心脏，有降糖、降脂、养颜、治疗奶水不下、养血增乳等功效。

西红柿炒鸡蛋

材料

西红柿 1 个，鸡蛋 2 个，小葱 2 棵，油、盐、白糖各适量。

做法

西红柿去皮切块，鸡蛋磕入碗里打散，小葱切小段；锅内放油烧热，倒入鸡蛋，炒成散块，放入西红柿翻炒，加入葱、盐、白糖，炒至西红柿软烂即可出锅。

开胃瘦身茶

材料

干山楂片 200 克，米酒水 1500 毫升（如没有米酒水也可用普通水），红糖适量。

做法

山楂片洗干净放锅内，加水，大火烧开后转小火煮 15 分钟左右，加入红糖后即可。把水滤出盛入保温瓶里，作为饮料，一天分数次喝完。

功效

山楂健胃，助消化，并有瘦身的效果，可改善产后子宫凝血，防治肚子痛。

月子餐之第十天

早餐

奶油小馒头 + 理气疏肝粥 + 杜仲炒腰花

加餐

桂圆蜜枣炖木瓜

午餐

黄豆糙米饭

丝瓜炒鸡蛋

莲藕排骨汤

加餐

芝麻核桃仁汤

晚餐

小馒头 + 白菜烧豆腐 + 山药炒木耳 + 排骨汤

加餐

醪糟蛋花汤

全天饮料

桂圆荔枝壳汤

理气疏肝粥

材料

大米 50 克，香附、川芎各 10 克，赤芍 12 克，柴胡、陈皮、甘草各 5 克，红糖适量。

做法

先把中药洗净煎熬，取汁去渣，大米洗净加入药汤一起熬粥，最后加入红糖即可。

功效

疏肝解郁，理气行滞，适用于产后气滞所致的缺乳、恶露不下等。

杜仲炒腰花

材料

猪腰子1副，杜仲15克，带皮老姜5片，麻油30毫升，米酒水300毫升。

做法

将杜仲洗净，加入米酒水中，大火烧开转小火煮30分钟，取汁去渣备用；将猪腰子洗净，从中间切成两半，把里面白色的尿腺剔除干净，然后在猪腰子表面切斜纹，再切成约3厘米宽的小片；锅内放麻油，中火烧热转小火，放入姜片，爆至两面起皱但不焦黑；放入猪腰子，转大火炒至猪腰子变色，加入杜仲汤煮开即可。

功效

补肝肾，强筋骨，促进盆骨及子宫收缩，对于腰酸乏力、头晕耳鸣都有改善功效。

黄豆糙米饭

材料

白米25克，糙米10克，黄豆5克。

做法

糙米、黄豆要提前泡，水加得比一般煮饭稍多一点儿，煮熟即可。

功效

具有减肥、净化血液、预防便秘、提高人体免疫力的功效。

莲藕排骨汤

材料

排骨 300 克，莲藕 200 克，当归 10 克，黄芪 20 克，党参 20 克，葱 3 段，姜 5 片，盐适量。

做法

排骨氽烫去血沫，莲藕去皮切块，沙锅放清水，所有材料一同下锅，大火烧开转小火慢炖 2 个半小时左右，出锅时放点盐即可。

功效

补气补血，去瘀生新，可清除腹内积存的淤血、增进食欲、促使奶水分泌，还能缓解神经紧张。有帮助排便、促进新陈代谢、消除胀气之功效。

芝麻核桃仁汤

材料

核桃仁 100 克，黑芝麻 50 克，丝瓜 1 根，红糖适量。

做法

将丝瓜洗净，切块；黑芝麻和核桃仁用多功能料理机磨碎，同丝瓜一同下锅，加水熬 2 分钟，放红糖烧开即可。

功效

补血养气、补大脑、美颜，可预防钙质流失及便秘。

山药炒木耳

材料

山药200克，黑木耳30克，食用油、盐、生抽、葱、姜各适量。

做法

黑木耳提前泡发去蒂，山药洗净切成小片，葱、姜切丝；锅内放油烧热，放葱、姜丝爆香，先放黑木耳炒一会儿，再放山药翻炒，放盐、生抽，炒至软烂即可。

桂圆荔枝壳汤

材料

桂圆肉50克，荔枝壳10克，红糖适量。

做法

桂圆肉、荔枝壳一同下锅，加水煮半小时左右，最后加红糖略煮，取出荔枝壳即可。

食用

盛入保温瓶内，一天内分数次喝完。

功效

桂圆能镇定安神，红糖可温暖子宫，荔枝壳可利尿排水、缓解水肿症状。

月子餐之第十一天

早餐

菠菜粥 + 奶油小馒头

+ 麻油炒猪腰

加餐

芝麻核桃仁汤

午餐

薏米饭

花生黄豆炖猪蹄

炒青菜

加餐

木瓜银耳养颜汤

晚餐

馒头 + 菜花炒肉片 + 黄瓜炒鸡蛋

+ 猪蹄汤

加餐

木瓜牛奶

全天饮料

红枣芹菜汤

菠菜粥

材料

菠菜、粳米各 100 克，盐适量。

做法

先把粳米煮成粥，菠菜用开水烫一下，切碎后放进煮好的粳米粥内，加点儿盐即可。

功效

对产后失血性贫血有很好的疗效，尤其适合剖宫产妈妈坐月子食用。

花生黄豆炖猪蹄

材料

猪前蹄1只，红皮花生50克，黄豆20克，盐适量。

做法

将花生、黄豆提前浸泡；猪蹄洗净，剁块放入煲汤锅，加水烧开，撇浮沫；加入花生、黄豆炖煮3小时左右，炖烂后出锅放盐即可。

功效

补气养血，催乳，适于气血虚弱所致的缺乳。

菜花炒肉片

材料

菜花200克，瘦肉50克，西红柿1个，葱、姜、食用油、盐、生抽各适量。

做法

菜花洗干净，掰成小朵；肉洗净切片；西红柿去皮切小块；葱、姜切丝；锅内放油烧热，放葱、姜炝锅，放肉片煸炒至变色，再放西红柿和菜花，炒一会儿放盐和生抽，翻炒至菜花熟透即可（如果锅底太干可加点水）。

黄瓜炒鸡蛋

材料

黄瓜 1 根，鸡蛋 2 个，葱、油、盐各适量。

做法

黄瓜去皮、洗净、切片；鸡蛋磕入碗内、打散；葱切丝；锅内放油烧热，倒入打散的鸡蛋翻炒几下盛出；锅内留油放葱丝，再放入黄瓜片煸炒；黄瓜快熟时再放入鸡蛋，然后放盐，再翻炒一会儿出锅。

红枣芹菜汤

材料

红枣 8 颗，芹菜 1 根，冰糖适量。

做法

将芹菜、红枣清洗干净放入锅里，加水大火烧开转小火煮 30 分钟左右，加入冰糖溶化即可。

食用

过滤掉食材后盛入保温杯，作为饮料一天内分数次喝完。

功效

有补气补血、利尿消肿、镇静安神、消除烦躁、稳定情绪之功效。

月子餐之第十二天

早餐

山楂粥

＋

豆沙包

＋

山药炒腰花

加餐

醪糟蛋花汤

午餐

饺子

（民俗捏骨缝）

加餐

苹果奶昔

晚餐

馒头 + 菠菜炒鸡蛋 + 炒红萝卜丝 + 蛋花汤

加餐

红枣银耳莲子汤

全天饮料

桂圆荔枝壳汤

山楂粥

材料

山楂 100 克，大米 100 克，红糖适量。

做法

山楂加水煮，取浓汁，然后加入大米煮成粥，最后放入红糖即可。

功效

山楂有去油脂、促进胃肠消化的作用，还有美容、减肥的功效，对产后腹痛、恶露不尽有疗效。

饺子（民俗捏骨缝）

材料

猪瘦肉 500 克，香芹 300 克，葱、姜、盐、生抽、香油各适量。

做法

提前和好面醒着，再做肉馅。猪瘦肉洗净切小块，加入葱、姜一起剁碎，放入盆里，加盐、生抽、香油，朝一个方向搅拌均匀；香芹去叶洗净切碎末，攥一下水，放入搅拌好的肉馅里拌匀即可包饺子了。

菠菜炒鸡蛋

材料

菠菜300克，鸡蛋2个，食用油、盐各适量。

做法

菠菜择洗干净，鸡蛋在碗里打散；锅内放水烧开，放入菠菜汆烫一下捞出；炒锅放油烧热，倒入打散的鸡蛋翻炒几下，放入菠菜、盐，翻炒均匀即可装盘。

炒红萝卜丝

材料

红萝卜1根，葱叶、食用油、盐、生抽各适量。

做法

红萝卜切细丝，葱叶切丝；锅内放油烧热，红萝卜丝、葱丝同时放入锅内，翻炒一会儿，加入盐、生抽，炒至红萝卜丝熟透即可。

月子餐之第十三天

早餐

黄花菜瘦肉粥 + 小花卷

+ 麻油炒腰花

加餐

红枣桂圆核桃露

午餐

糙米饭

香菇炒油菜

山药排骨汤

加餐

芝麻黑豆浆

晚餐

馒头 + 西红柿炒鸡蛋 + 白菜炖豆腐

+ 排骨汤

加餐

山药桂圆甜枣汤

全天饮料

木耳益母茶

黄花菜瘦肉粥

材料

猪瘦肉 100 克，黄花菜 50 克，盐、葱末、姜末各适量。

做法

干黄花菜提前浸泡 1 小时，洗净切碎；猪肉洗净切细丝，葱、姜切末；锅内放水，将黄花、猪肉一同下锅，大火烧开转小火煮 30 分钟左右，肉将熟时放入盐、葱末、姜末，煮至完全熟透即可。

功效

可止血、消炎、清热、利湿、消食、明目、安神，对产后肾虚体弱、失眠、乳汁不下等有疗效。

山药排骨汤

材料

排骨300克，山药200克，胡萝卜100克，葱、姜、盐各适量。

做法

排骨洗净汆烫去血沫，山药、胡萝卜去皮切块；沙锅放水烧开，放排骨、葱、姜，大火煮半小时加入胡萝卜块，烧开转小火炖1小时左右放入山药块，小火再慢炖40分钟，出锅放盐即可。

功效

补肾养血，健脾益胃，助消化，增强抵抗力，降糖降脂。

芝麻黑豆浆

材料

黑芝麻、花生、黑豆各30克。

做法

将花生与黑豆浸泡一段时间后煮熟，再与黑芝麻一起放入料理机内打成汁即可。

功效

乌发美颜，滋补肝肾，润肠通便，养血增乳。

山药桂圆甜枣汤

材料

桂圆30克，山药150克，红枣5颗，冰糖适量。

做法

山药去皮，洗净切块；红枣泡一会儿去核；桂圆提前剥好备用；先放入山药、红枣，以大火煮开后转小火煮15分钟，再放入桂圆和冰糖即可。

功效

镇静安神，调养气血，促进血液循环，帮助消化，益肾，消水肿。

木耳益母茶

材料

益母草20克，黑木耳10克，红糖适量。

做法

黑木耳泡发，益母草洗净，一同下锅煮30分钟；加入红糖，过滤掉食材后盛入保温杯，作为饮料一天内分数次喝完。

功效

改善腰腿酸软，加强子宫收缩，对产后腹痛、恶露不尽有疗效。

月子餐之第十四天

早餐

小花卷

桃仁粥

麻油炒猪腰

加餐

核桃芝麻豆浆

午餐

薏米饭 + 归芪猪心

+ 西葫芦炒鸡蛋

+ 烧茄子

加餐

醪糟蛋花汤

晚餐

馒头 + 通草蒸鲫鱼

+ 圆白菜炒木耳

加餐

美颜红豆汤

全天饮料

杜仲茶

桃仁粥

材料

桃仁 15 克，大米 100 克，红糖适量。

做法

先将桃仁研成末，再与大米一同煮成稀粥，加红糖调味即可。

功效

活血、祛瘀、清热，适于产后发热伴下腹疼痛者。

核桃芝麻豆浆

材料

核桃 50 克，芝麻 30 克，黄豆 50 克。

做法

干黄豆预先浸泡好，煮熟；将煮熟的黄豆和核桃仁、黑芝麻洗净，一同放入料理机，加入开水打成汁即可。

功效

能有效改善大脑机能，增强记忆力。

归芪猪心

材料

猪心半斤，带皮老姜 5 片，当归 10 克，黄芪 15 克，麻油 35 毫升，米酒水 300 毫升。

做法

当归、黄芪洗净放入米酒水中，大火烧开转小火煮 30 分钟，去渣取汁备用；猪心清洗干净，切成 0.5 厘米厚度小片；锅内放油，中火烧热转小火，放入姜片，爆至两面起皱但不焦黑，转大火，放入猪心炒至变色，放入药汤煮开即可。要趁热吃。

功效

可补血、促进睡眠、活血化瘀、疏通血脉、强化心脏。

通草蒸鲫鱼

材料

鲫鱼 1 条（250 克），通草 30 克，姜丝、精盐、食用油各适量。

做法

先将通草用冷水浸泡 30 分钟，熬汁备用；在鲫鱼背上划几刀，放入容器内，将通草汁浇在鱼身上，撒上姜丝、盐、食用油，上锅蒸 40 分钟左右即可。

功效

可清热利尿、通气下乳、补充蛋白质和矿物质，对于产后乳汁缺少者有奇效。

杜仲茶

材料

生杜仲 30 克，米酒水 1000 毫升。

做法

将杜仲洗净，和米酒水一同放入沙锅或不锈钢锅里，用大火烧开后转小火煮 15 分钟左右，熬至剩余 800 毫升即可。

食用

盛入保温瓶内，在一天内分数次喝完。

功效

杜仲能补肝肾、强筋骨，可治疗腰酸背痛，有利于骨盆的恢复。

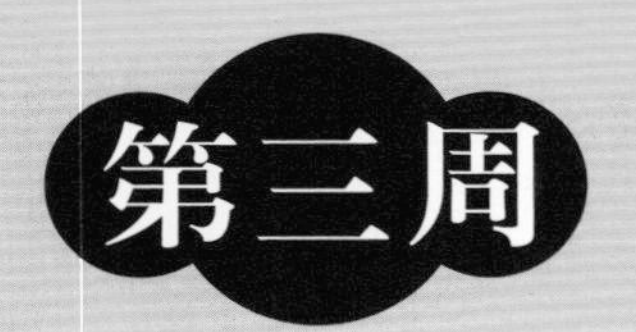

滋养进补周

月子餐之第十五天

早餐

红枣小米粥 + 煮鸡蛋蘸芝麻盐儿

加餐

花生双豆浆

午餐

五谷饭

+

麻油鸡

+

炒西蓝花

加餐

水果羹

晚餐

馒头 + 圆白菜炒木耳

+ 黄芪鲈鱼汤

加餐

木瓜牛奶

全天饮料

红枣芹菜汤

花生双豆浆

材料

花生、黄豆、黑豆各30克，白糖适量。

做法

将花生、黄豆、黑豆提前浸泡，然后锅内加水煮熟；连水带豆一同放入料理机，加入白糖，打成汁即可。

功效

养血通乳，保护心脏，对脚气、水肿、肌肉松弛有改善作用。

麻油鸡

材料

土鸡或乌鸡半只，带皮老姜6片，黑芝麻油40毫升，米酒水300毫升，冰糖、盐各适量。

做法

鸡肉洗净剁块，将鸡块汆烫去沫、捞出备用；老姜切片；锅内放麻油大火烧热，放入姜片转小火，将姜片爆至两面起皱呈褐色但不焦黑；转大火，放入鸡块翻炒，炒至约五成熟，加入冰糖和米酒水继续翻炒（将米酒水由锅的四周往中间淋），然后加入热水，热水量以淹没所有鸡块为宜；大火烧开转小火焖煮40分钟，放入盐再继续焖煮20分钟即可。

功效

麻油鸡是台湾产妇坐月子必吃的一道菜，可滋阴补血、驱寒除湿，最适合产妇食用。

水果羹

材料

苹果、木瓜、猕猴桃、香蕉、冰糖各适量，藕粉1小袋（30克）。

做法

水果洗净去皮，切成小丁，藕粉加入一汤匙凉白开水，稀释开；锅中水烧热后加入适量冰糖溶化，先加入苹果丁、木瓜丁稍煮，把糊状的藕粉倒入锅中，边煮边搅拌，至藕粉变色再加入香蕉丁、猕猴桃丁即可（也可换成其他水果）。

功效

养颜护肤，延缓衰老。

温馨提示：

水果不宜久煮，久煮容易发酸，比如猕猴桃、菠萝、香蕉等，这些水果适合放入锅中即关火。耐煮的水果可以多煮一些时间，比如木瓜、苹果等。藕粉有清火润燥、止血散瘀、健脾开胃的作用；藕粉可以把水果调成羹状。也可以换成百合粉、马蹄粉等。通常用1汤匙的藕粉就可以了，喜欢喝黏稠的可以增加用量。

黄芪鲈鱼汤

材料

鲈鱼1条（约500克），黄芪50克，红枣2颗，枸杞子20克，姜2片，米酒1小匙。

做法

将鲈鱼清洗干净切成3段备用，锅内加水约3000毫升，放入黄芪、枸杞子、红枣、姜片，大火烧开转小火煮20分钟左右，然后放入米酒和鲈鱼再煮10分钟即可。

功效

能补肝肾、益脾胃，对产后少乳、气血不足的人有很好的补益作用。

月子餐之第十六天

早餐

小米黄豆粥＋煮鸡蛋

加餐

甜蜜桂圆红豆沙

午餐

黄豆糙米饭

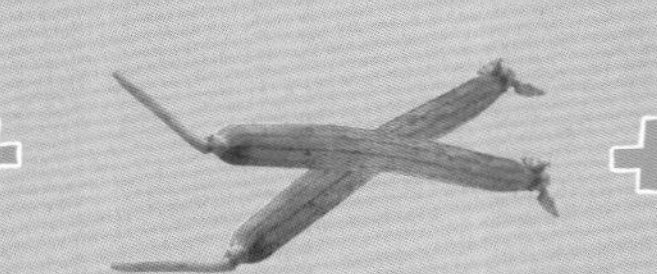

丝瓜炒鸡蛋

桃仁莲藕猪骨汤

加餐

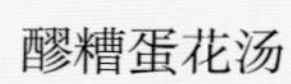

醪糟蛋花汤

晚餐

馒头＋西红柿炒西葫芦＋鲫鱼豆腐汤

加餐

花生豆奶

全天饮料

红枣枸杞茶

小米黄豆粥

材料

小米 100 克，黄豆 50 克。

做法

黄豆洗净提前浸泡 6 小时；锅内放适量清水烧开，加入提前浸泡好的黄豆和小米，大火烧开转小火，熬煮成粥即可。

功效

黄豆富含铁质，可预防贫血，能健脾利湿、益血补虚。

红枣枸杞茶

材料

红枣 10 颗，枸杞子 15 克。

做法

红枣、枸杞子洗净，一同放入锅中，加水以大火烧开转小火煮 30 分钟。

把汤滤出盛入保温瓶里，作为饮料一天内分数次喝完。

功效

可安神补血、补肝明目、延缓衰老，可治疗产后腰膝酸软、疲倦乏力。

桃仁莲藕猪骨汤

材料

桃仁 20 克，莲藕 300 克，猪棒骨 500 克。

做法

桃仁去皮；莲藕去皮洗净，切成小块；猪棒骨剁块，洗净后汆烫去沫；锅内加水，放入猪棒骨、桃仁，大火烧开转小火，1 小时后加入莲藕，再炖 1 小时左右即可。

功效

活血祛淤，清热，可清除腹内积存的淤血，促进新陈代谢，消除胀气，适用于产后发热、恶露不尽、下腹疼痛者。

月子餐之第十七天

早餐

豆沙包 + 芝麻山药粥

加餐

苹果奶昔

午餐

黑米饭

清炒红萝卜丝

花生黄豆猪蹄汤

加餐

芝麻黑豆浆

晚餐

米饭 + 莴笋炒鸡蛋 + 清炒蒿子秆 + 猪蹄汤

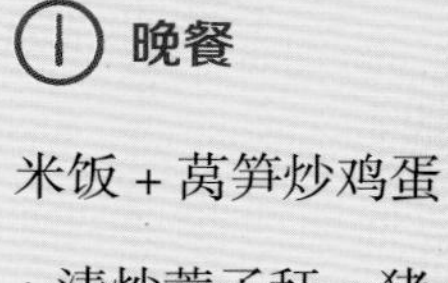

加餐

山药桂圆甜枣汤

全天饮料

消脂瘦身茶

芝麻山药粥

材料

熟黑芝麻 30 克，新鲜山药 30 克，大米 50 克，冰糖适量。

做法

山药切小丁；锅内放水烧开，将山药、黑芝麻和米一同下锅，大火烧开转小火煮40分钟左右，等米煮烂之后再加少许冰糖调味。

功效

可促进血液循环、帮助消化、润肺化痰。

花生黄豆猪蹄汤

材料

猪前蹄1只，红皮花生30克，黄豆30克，葱3段，姜6片，盐适量。

做法

花生、黄豆提前浸泡3小时，猪蹄洗净从中间劈开，切成6小块；煲汤沙锅加满清水，先将猪蹄放入，开锅撇去浮沫，再将花生、黄豆、葱、姜加入，大火烧开转小火慢炖3小时左右，出锅放盐调味即可。

功效

可以补血通乳，奶水不好者可多饮用此汤。

莴笋炒鸡蛋

材料

莴笋1根，鸡蛋2个，葱花、食用油、盐各适量。

做法

莴笋去皮、洗净、切薄片；鸡蛋在碗内打散；锅内放油烧热，打入鸡蛋翻炒几下盛出；锅内留底油，放葱花炝锅，再放入莴笋煸炒，快熟时放入鸡蛋、盐，再翻炒一会儿盛出。

清炒蒿子秆

材料

蒿子秆500克，食用油、盐、大蒜各适量。

做法

将蒿子秆择洗干净，切成两段，大蒜拍松切碎；锅内放油烧热，先放入蒿子秆梗翻炒，炒一会儿再放入蒿子秆叶翻炒，放入盐、大蒜，再炒一会儿即可。

消脂瘦身茶

材料

决明子30克，山楂15克，甘草、黄芪各5克，水1000毫升。

做法

将所有药材洗净，放沙锅熬30分钟左右即可。

功效

消水肿，清宿便，增加肌肉的紧实度，使身材更加苗条。

月子餐之第十八天

早餐

芝麻粥＋奶油小馒头

加餐

醪糟蛋花汤

午餐

五谷饭

药膳炖鸡

芹菜炒肉丝

加餐

核桃芝麻豆浆

晚餐

米饭＋香菇炒油菜＋当归鱼汤

加餐

木瓜牛奶炖蛋

全天饮料

芝麻黑豆浆

芝麻粥

材料

黑芝麻 30 克，粳米 100 克，白糖适量。

做法

黑芝麻炒熟研末；锅内放适量清水烧开，加入粳米和黑芝麻末，大火烧开转小火，煮成粥后加点儿白糖即可。

功效

可预防钙质流失及便秘。

药膳炖鸡

材料

柴鸡或乌鸡 1/2 只，姜 5 片，中药：当归 10 克、党参 30 克、黄芪 30 克、枸杞子 15 克，红枣 3 颗，盐适量。

做法

把中药洗净；鸡肉清洗干净后切块，过沸水去血沫捞出；煲汤锅加清水，放入鸡块、姜片、红枣和中药（枸杞子最后再放），大火烧开转小火慢炖 3~4 小时，然后再加入枸杞子和盐，再炖 15 分钟即可。

功效

补血、补气、补筋骨、补充体力。

温馨提示

因产妇月子期间不能吃花椒、大料，胃消化功能也比较弱，所以炖汤时肉炖得越烂越好，不仅肉会更香，汤也更鲜美，而且营养都在汤里。

芹菜炒肉丝

（做法见本书第 79 页）

当归鱼汤

材料

鱼 1 条（约 500 克），带皮老姜 6 片，当归 15 克，麻油 30 毫升，米酒水 800 毫升。

做法

将鱼收拾干净，材料洗净；锅内放麻油烧热，中火烧热转小火；放入姜片，爆至两面起皱但不焦黑；加米酒水，放入鱼、当归，大火烧开转小火煮 1 个小时左右即可。

功效

活血补血，补充营养。

月子餐之第十九天

早餐

花生百合粥 + 豆沙包

加餐

鸡蛋蒸饺

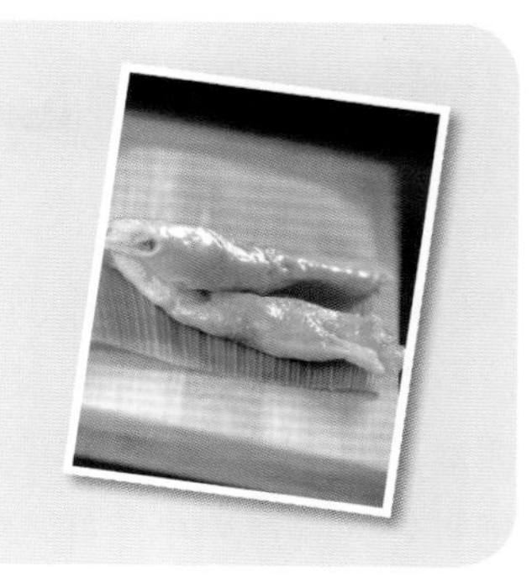

午餐

薏米饭 + 西红柿炖牛腩 + 西葫芦炒鸡蛋

加餐

薏香豆浆

晚餐

馒头

山药炖鸡

炒青菜

加餐

红枣牛奶核桃露

全天饮料

开胃瘦身茶

鸡蛋蒸饺

材料

瘦肉馅100克，鸡蛋1个，葱1/2根，姜2片，酱油10克，香油、盐、食用油各适量。

做法

将葱、姜切碎放入肉馅里，再加入盐、酱油、香油，一起搅拌均匀；锅内放油烧热，把打好的鸡蛋用小勺盛入锅内，摊成饺子皮样小圆饼；把肉馅放入鸡蛋皮，卷起呈饺子状，煎一下放在锅边，再做第二个；都做完后放在盘子里，上蒸锅蒸15分钟即可。

功效

鲜美可口，增进食欲，补充营养。

山药炖鸡

材料

柴鸡半只，鲜山药 100 克，红枣 3 颗，葱、姜、盐各适量。

做法

鸡肉洗净切块，山药洗净切成滚刀块，葱切段，姜切片；先将鸡块汆烫去血沫，煲汤锅加满清水，放入鸡块、葱段、姜片、红枣；大火烧开转小火慢慢煲 2 小时，然后加入山药、盐，再煲半小时就可以了。

功效

补肾强腰，滋阴养颜，调节肠胃。

西红柿炖牛腩

材料

牛腩 250 克，西红柿 2 个，葱、姜、盐各适量。

做法

牛腩洗净，将肥脂部分及黏膜部位剔除，切成方块；将牛腩过水（凉水下锅），撇浮沫油脂后捞出，用温热水冲净附着在牛腩上的浮沫，然后将牛腩倒入炖锅内，加入足量水炖煮；炒锅放油烧热，放葱、姜及切好块的西红柿煸炒；西红柿呈乳状后倒入炖锅内，大火煮开后转小火炖煮 3 小时左右，快熟时放盐。

功效

牛肉有补脾胃、益气血、补虚弱、壮筋骨的功效；西红柿可生津止渴、健胃消食。此菜适合产后虚弱、食欲不佳者食用。

月子餐之第二十天

早餐

小米红枣桂圆粥

+ 豆沙包

加餐

醪糟蛋花汤

午餐

黄豆糙米饭

炒西蓝花

猪蹄瓜菇汤

加餐

美颜红豆汤

晚餐

馒头 + 莲藕花生猪尾汤

+ 烧茄子 + 羊肉汤

加餐

花生豆奶

全天饮料

消脂瘦身茶

猪蹄瓜菇汤

材料

猪蹄1只，丝瓜1根，香菇3朵，豆腐一小块，姜5片，当归5克，黄芪10克，盐适量。

做法

丝瓜切滚刀块；豆腐切片备用；香菇去蒂洗净；猪蹄洗净，从中间劈开剁块，放入开水中煮5分钟，撇去浮沫捞出；当归、黄芪洗干净装入料盒；煲汤沙锅加水，放入猪蹄、香菇、姜片和中药料盒，大火烧开转小火炖3小时左右至肉烂，然后加入丝瓜、豆腐再炖10分钟，最后加盐调味即可。

功效

养血通乳，催奶，适于体质虚弱、乳汁不足者。

温馨提示

乳少者可将当归、黄芪改为穿山甲、王不留行、路路通等催乳药材。也可只用猪蹄和药材一起炖，不放丝瓜、香菇和豆腐等。

莲藕花生猪尾汤

材料

猪尾250克,白莲藕100克,花生米50克,枸杞子10克,盐适量。

做法

花生米提前浸泡;猪尾洗净,剁段汆烫备用;白莲藕去皮切片;沙锅放水,加入猪尾和花生,大火烧开转小火炖1小时;再加入莲藕一起炖,快熟时放入枸杞子和盐即可。

功效

可提高免疫能力。

月子餐之第二十一天

早餐

桂圆糯米粥 + 豆沙包

加餐

醪糟蛋花汤

午餐

五谷饭

冬虫夏草炖羊腩

西红柿炒西葫芦

加餐

红枣煮蛋

晚餐

米饭 + 山药炒木耳

+ 归枣牛蹄筋花生汤

加餐

养颜木瓜银耳汤

全天饮料

党参红枣茶

冬虫夏草炖羊腩

材料

羊腩250克，冬虫夏草10克，老姜30克，党参、黄芪、枸杞子各10克，米酒水100毫升，胡麻油适量。

做法

羊腩用温水洗干净切块，老姜切片，药材洗净；锅内放麻油，大火烧热，放入姜片转小火，将姜片爆炒至两面起皱呈褐色但不焦黑；转大火放入羊腩炒至变色，加入米酒、药材和水，大火烧开转小火炖烂即可。

功效

补气血，益肾安神，温补脾胃，益气补虚，用于产后腰膝酸软以及血虚经寒所致的小腹冷痛。

红枣煮蛋

材料

红枣3颗，桂圆6个，鸡蛋2个，红糖适量。

做法

锅内放一碗水，加入红枣、桂圆、红糖煲红糖水；煮一会儿打入鸡蛋，继续用小火煮熟鸡蛋即可。

功效

补血养颜。

归枣牛蹄筋花生汤

材料

牛蹄筋100克，花生100克，红枣20颗，当归5克，精盐适量。

做法

将牛蹄筋洗净切块；沙锅中放适量清水，放入牛蹄筋、花生米、红枣、当归，大火烧开转小火炖至牛蹄筋烂熟，然后加入盐调味即可。

功效

具有补益气血、强壮筋骨的作用，适于产后气血两虚、肢体疼痛者食用。

月子餐之第二十二天

早餐

紫薯粥 + 豆沙包

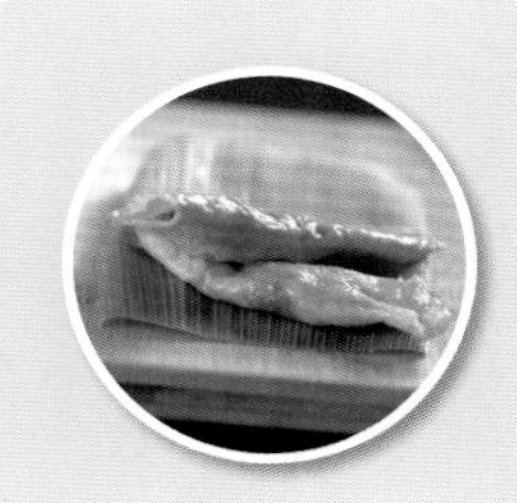

加餐

鸡蛋蒸饺

午餐

黑米饭

清炒蒿子秆

黄芪当归乌鸡汤

加餐

甜蜜桂圆红豆沙

晚餐

白米饭 + 西红柿炒鸡蛋 + 炒西蓝花

加餐

核桃豆浆

全天饮料

红枣芹菜汤

紫薯粥

材料

大米 80 克，紫薯 100 克。

做法

大米洗净，加水浸泡 20 分钟；紫薯去皮，洗净切块；锅内放水烧开，将大米、紫薯一同下锅，大火烧开转小火煮 30 分钟左右即可。

功效

有抗疲劳、抗衰老、补血、促进肠蠕动、排出体内废物的作用。

黄芪当归乌鸡汤

材料

乌鸡 1/2 只，老姜 20 克，葱 1 根，黄芪 50 克，当归 10 克，红枣 3 颗，虫草若干，盐适量。

做法

乌鸡清理干净，去头尾切块，汆烫去血沫；煲汤沙锅加水，所有材料一同加入；大火烧开转小火炖 3 小时左右，出锅放盐即可。

功效

气血双补，滋阴补肾，适用于气血不足、肾虚者。

温馨提示

也可以放一些冬虫夏草，可滋补气血、恢复体力，或放一些川七粉，可止血散瘀、消肿止痛。

月子餐之第二十三天

早餐

养颜木瓜粥

+

豆沙包

加餐

苹果奶昔

午餐

薏米饭 + 冬瓜炒肉片 + 猪蹄肉皮汤

加餐

薏香牛奶

晚餐

米饭 + 西红柿炒鸡蛋 + 炒土豆丝 + 猪蹄汤

加餐

牛奶卧鸡蛋

全天饮料

消脂瘦身茶

猪蹄肉皮汤

材料

猪蹄 1 只，肉皮 100 克，红皮花生 50 克，老姜 6 片，葱 1 根，盐适量。

做法

肉皮清理干净，泡水切片；花生泡发；猪蹄洗净剁成块，用沸水煮 3 分钟去浮沫捞出；煲汤沙锅加满清水，加入猪蹄及所有材料，大火烧开转小火慢炖 3 小时左右，使猪蹄烂透，出锅放点盐即可。

功效

用猪皮和猪蹄美容在中国已经有上千年的历史了，猪皮和猪蹄具有润肤美颜的功效，更是产妇调理佳品，既能美容又有催乳的效果。

冬瓜炒肉片

材料

冬瓜300克，猪肉30克，葱、姜、油、盐、生抽、香菜各适量。

做法

冬瓜去皮洗净切片，猪肉切片，葱、姜切丝，香菜切末；锅内放油烧热，放入葱姜爆香，放入肉片，炒至变色，放冬瓜片，炒一会儿放盐、生抽，可加一点儿水，炖至冬瓜熟烂，放香菜即可出锅。

炒土豆丝

材料

土豆1个，葱花、食用油、盐各适量。

做法

土豆去皮、切丝，锅内放油烧热，放葱花炝锅，再放土豆丝翻炒，然后放盐，炒至土豆熟透出锅。

月子餐之第二十四天

早餐

小米红枣桂圆粥

+ 豆沙包

加餐

芝麻核桃仁汤

午餐

糙米饭

月子醪糟鸡

菠菜炒鸡蛋

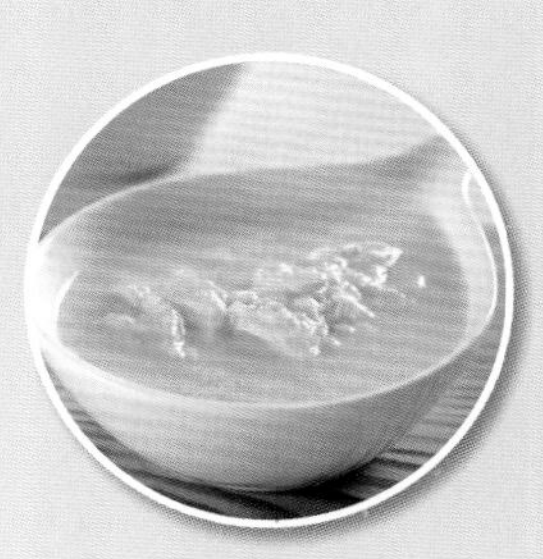

加餐

醪糟蛋花汤

晚餐

馒头 + 烧茄子 + 丝瓜炒鸡蛋 + 冬瓜丸子汤

加餐

牛奶木瓜

全天饮料

美颜茶

月子醪糟鸡

材料

乌鸡 1/2 只，当归 10 克，党参 30 克，醪糟汁 200 毫升，姜、葱、精盐各适量。

做法

乌鸡去头、去爪，用清水浸泡半小时，再用开水汆烫一下，撇去浮沫；把党参和当归洗干净塞入鸡腹内，把鸡放入沙锅；加清水 2500 毫升左右，放入葱、姜、醪糟汁，大火烧开改用小火慢炖至熟透；把姜、葱捞出，加盐调味即可。

功效

有补五脏、健脾胃、补气、补血的功效，适用于体虚的产妇。

温馨提示

在做这道月子醪糟鸡时，鸡肉不能煮太长时间，只要熟透即可。另外，由于这道月子餐属于大补，身体虚弱的产妇不能吃太多。

冬瓜丸子汤

材料

冬瓜 100 克，肉馅 200 克，香菜、盐、香油各适量。

做法

锅内放水烧开，肉馅做成肉丸子放入锅里，放冬瓜，煮一会儿放点盐，出锅时放香油、香菜。

月子餐之第二十五天

早餐

红豆薏仁粥 + 面包

加餐

苹果奶昔

午餐

薏米饭 + 西红柿炒鸡蛋 + 当归羊肉汤

加餐

红枣牛奶核桃露

晚餐

馒头

红烧鸡翅

白菜炖豆腐

羊肉汤

加餐

花生豆奶

全天饮料

党参红枣茶

当归羊肉汤

材料

羊肉 500 克，当归、黄芪、川芎、姜各 10 克，枸杞子 5 克，盐适量。

做法

将羊肉用温水清洗干净，切块，汆烫一下去浮沫；除了枸杞子和盐，其他材料一同放入锅内，大火烧开转小火慢炖至肉烂，然后放枸杞子和盐再煮 10 分钟即可。

功效

羊肉的热量高于牛肉，铁的含量是猪肉的 6 倍。这道汤能促进血液循环，具有造血的显著功效，是产妇的最佳补品。

红烧鸡翅

材料

鸡翅 5 个，白糖、食用油、酱油适量。

做法

鸡翅洗净，在鸡翅的上面划两刀（易入味）备用；锅内放一点儿油烧热，放白糖，转小火至起泡；放入鸡翅翻炒，加水没过鸡翅，放点儿酱油和盐，小火炖 30 分钟左右即可。

月子餐之第二十六天

鸡肝粥　　豆沙包

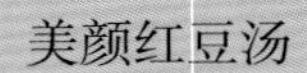

美颜红豆汤

午餐

五谷饭 + 黄豆炖牛肉 + 圆白菜炒木耳

加餐

醪糟蛋花汤

晚餐

糙米饭 + 烧茄子 + 山药炒木耳 + 通草枸杞鲫鱼汤

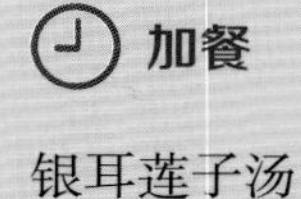

银耳莲子汤

全天饮料

美颜茶

鸡肝粥

材料

大米80克，鸡肝2副（约100克），葱1根，姜2片，盐1小匙，酱油1小匙。

做法

姜和葱切末，鸡肝切小丁，然后一起放入碗中，加酱油拌匀，腌15分钟；大米入锅，加水煮成粥状，再加鸡肝丁煮熟，加盐调味，撒上葱末即可。

功效

能滋补肝肾、调养气血、增强体力、明目。

黄豆炖牛肉

材料

黄豆 30 克（提前泡），牛腱子肉 250 克，姜 7 片，盐、糖、米酒（或绍兴酒）各适量。

做法

牛肉洗净，过水后切块；姜片先铺在炖煮沙锅的最底层，再放牛肉块，最后把黄豆放在最上面；加水，超过材料 2 厘米以上，加点儿米酒或绍兴酒（去腥）；开锅把浮沫撇出来，然后改小火炖 3 小时左右，最后放一点儿盐、糖稍煮即可。

功效

壮腰健肾，补虚养身，气血双补。

通草枸杞鲫鱼汤

材料

鲫鱼 1 条（约 300 克），通草 30 克，葱、姜、盐及枸杞子适量。

做法

先将通草提前浸泡半小时，鲫鱼清理干净；锅内放油，中火烧热转小火，放入姜片，爆至两面起皱但不焦黑；放鱼煎至两面金黄，加入清水，将葱、通草、枸杞子一同放入，大火烧开转小火炖 2 小时左右，鱼汤呈乳白色即可，出锅放盐。

功效

清热利尿，通气下乳，对于产后乳汁缺少者有很好的催乳效果。

月子餐之第二十七天

早餐

芹菜粥

+

豆沙包

加餐

香蕉奶昔

午餐

馒头 + 炒西蓝花 + 花生黄豆炖猪蹄汤

加餐

藕粉（按商品说明制作）

晚餐

馒头 + 四季豆炖肉片 + 香菇炒油菜 + 猪蹄汤

加餐

木瓜牛奶

全天饮料

党参红枣茶

芹菜粥

材料

大米 80 克，芹菜 3 根，盐适量。

做法

大米用水浸泡 30 分钟，芹菜切段；锅中加水烧开，加入大米，大火烧开后转小火慢熬 15 分钟左右，再加入芹菜煮 10 分钟，最后加盐即可。

功效

芹菜含有利尿成分，可消除体内水钠潴留，养血补虚。芹菜含铁量较高，能补充女性经血的损失。

四季豆炖肉片

材料

四季豆 200 克，猪肉 30 克，葱、姜、食用油、盐、生抽各适量。

做法

四季豆洗净掰成小段，猪肉洗净切片，葱切段，姜切片；锅内放油烧热，放葱、姜爆香，放肉片煸炒至变色，放点儿生抽，加入四季豆翻炒，炒出香味放点儿水，放盐，炖至四季豆熟透为止。

 月子餐之第二十八天

早餐

麻油煎鸭蛋

+

核桃豆浆

加餐

红枣牛奶核桃露

午餐

馒头 + 生姜炖羊肉 + 西红柿炒西葫芦

加餐

甜蜜桂圆红豆沙

晚餐

馒头 + 山药炒木耳 + 烧冬瓜 + 当归黄芪排骨汤

加餐

花生双豆浆

全天饮料

开胃瘦身茶

麻油煎鸭蛋

材料

鸭蛋 2 个，姜、胡麻油适量。

做法

平底锅放胡麻油烧热，把 2 个鸭蛋分别敲破放入，使其成为圆饼状，煎熟；将少许食盐倒在 2 个蛋黄上面，如荷包蛋一样。

功效

常言道：上火吃鸭蛋，补气吃鸡蛋。鸡蛋性平，可以补气血；鸭蛋性凉，能去火清肺热。

生姜炖羊肉

材料

羊腿肉 200 克，老姜 30 克，当归 10 克，米酒 1 勺，盐少许。

做法

羊肉切成大片，放入开水中汆烫后捞出，所有材料一同下锅，加入米酒，炖至肉烂，加盐即可。

功效

羊肉可益气补虚，主要用于疲劳体弱、腰膝酸软、产后虚寒、腹痛等症状，还可改善睡眠、增强体质。

当归黄芪排骨汤

材料

排骨 300 克，黄芪 30 克，当归 10 克，葱、姜、盐、胡椒粒各适量。

做法

排骨洗净剁小朵，用开水汆烫后去浮沫。煲汤沙锅放水，将排骨、葱、姜、当归、黄芪、胡椒粒一同放入锅内，大火烧开转小火慢炖 2 个半小时左右，出锅放盐即可。

功效

黄芪可补气，利尿消肿；当归有补血和调节子宫收缩的功效；排骨富含钙、磷，有助于产后气血循环。

第五章

治疗性食谱

催乳食材

金针菜

又叫“黄花菜”，喜欢生长在背阳潮湿的地方。营养丰富，含有大量的维生素 B_1、维生素 B_2 等。医学上认为它有除湿利尿、止血下乳的功效。治产后乳汁不下，用金针菜炖瘦猪肉食用，很有功效。

豆腐

有益气和中、生津润燥、清热解毒之功效，也是一种催乳食品，用豆腐、红糖、醪糟加水煮服可以催乳。

茭白

含有蛋白质、维生素 B_1、维生素 B_2、维生素 C 及多种矿物质。医学上认为茭白性冷，有解热毒、防烦渴、利二便和催乳功效。由于茭白性冷，脾胃虚寒者不宜多食。

莴笋

莴笋性寒，具有多种丰富的营养素，有通乳功效。

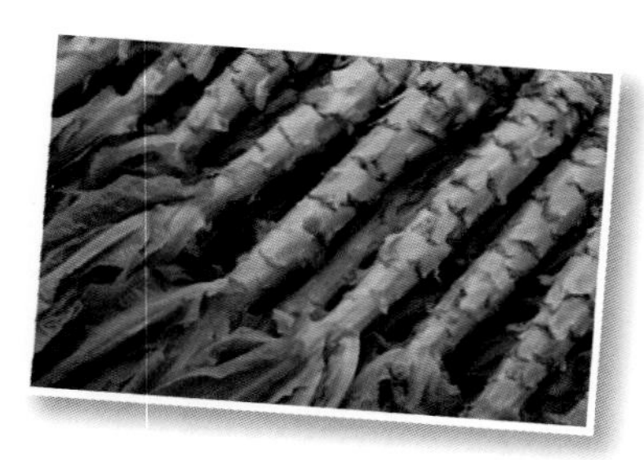

豌豆

又称“青豆”，性平，含磷十分丰富，有利小便、解疮毒、通乳之功效。

丝瓜

丝瓜具有清热解毒、解暑除烦、通经活络、促进乳汁分泌的功效。

温馨提示

乳腺增生困扰无数女性，据调查，有 70% ～ 80% 的女性有不同程度的乳腺增生，多吃丝瓜能治疗乳腺增生。

催乳食疗方

鲫鱼通草汤

材料

鲫鱼 1 条，通草 10 克，葱、姜、盐、食用油各适量。

做法

用热锅凉油煎鲫鱼，使其两面微黄；加入温热水，放葱、姜和通草，大火烧开后转小火炖 1 个半小时左右，出锅时放入适量盐即可。

功效

可补充营养、清热利尿、通气下乳，用于水肿尿少、乳汁不下等。

公鸡汤

材料

公鸡 1/2 只，红枣 3 颗，当归 5 克，黄芪 8 克，党参 8 克，葱、姜、盐各适量。

做法

鸡肉洗净剁块，过水后放入沙锅；沙锅加满水，放入葱段、姜片、红枣、中药材，大火烧开转小火炖 3 小时左右，出锅后放一点儿盐。

功效

科学分析证明，产后过早过多地喝母鸡汤，是造成产妇奶少、无奶或回奶的重要原因之一。分娩后，产妇体内的雌性激素、孕激素迅速下降，催乳素才会发挥作用，乳汁才能分泌。而母鸡体内含有一定的雌激素，产后如果过早过多地喝母鸡汤，就会使产妇体内的雌激素继续上升，使催乳素的作用减弱甚至消失，导致乳汁分泌缺少。因此应多喝公鸡汤。

乌鸡榴莲汤

材料

乌鸡 1/2 只，榴莲 50 克，葱、姜适量。

做法

将乌鸡收拾干净、剁块，凉水入锅，氽烫去血沫；将大葱掰 3 节，姜切 3 片；将氽烫过的乌鸡、葱、姜放入煲汤锅，加水大火烧开转小火，2 小时后把葱、姜挑出，放入切好的榴莲块后再煲半小时即可。

功效

可治疗产后乳汁缺少。但此汤增乳量快，必须保证在乳腺畅通的情况下食用。

黄豆花生炖猪蹄

材料

猪前蹄 1 只、红皮花生 50 克，黄豆 20 克，盐适量。

做法

将花生、黄豆提前浸泡；猪蹄洗净剁块，放入煲汤锅，加水烧开，撇浮沫；加入花生、黄豆炖煮 3 小时左右，出锅放盐即可。

功效

补气养血，催乳，适于气血虚弱所致的缺乳。

王不留行穿山甲猪蹄汤

材料

猪前蹄1只，穿山甲、王不留行各15克，带皮老姜、盐各适量。

做法

将王不留行、穿山甲放冷水中浸泡半小时；猪蹄洗净切块；煲锅放入清水，加入猪蹄，开锅撇浮沫；将王不留行和穿山甲用纱布包裹，同带皮老姜一起放入沙锅；煲3小时左右至猪蹄熟烂，出锅加盐即可。

功效

古语有“穿山甲、王不留，妇人服了乳长流”之说。此汤有补血通乳、利水除湿、祛风止痛等功效，适用于产后缺乳、乳汁不下。每天中午、晚上各1碗。3天为1个疗程。

丝瓜豆腐汤

材料

丝瓜 1/2 根，豆腐 1 块，香油、盐各适量。

做法

丝瓜洗净去皮，切小块，豆腐也切小块；锅内放水烧开，将丝瓜、豆腐一同放入，煮熟后加盐、香油即可。

功效

具有除烦理气、解毒通便、润肌美容、下乳汁等功效，可治疗气血阻滞造成的胸肋疼痛、乳房肿痛等。

鸡蛋芝麻盐儿

材料

鸡蛋 2 个，芝麻 30 克。

做法

将芝麻炒熟擀碎，加少许盐拌匀，用煮熟的鸡蛋蘸着吃。

功效

催乳。

木瓜牛奶（做法见本书第 58 页）

木瓜牛奶蒸蛋（做法见本书第 64 页）

治疗便秘食材

红薯

红薯中含大量的膳食纤维，有促进肠胃蠕动、预防便秘和直肠癌的作用。

木耳

能活血化瘀、消滞通便。

莲藕

能缓解神经紧张、帮助排便、促进新陈代谢、消除胀气。

海带

能刺激肠道蠕动、促进排便、利尿。

蘑菇

通便排毒,对预防便秘、肠癌等十分有利。

白菜

白菜含有丰富的粗纤维，不但能促进排毒，还能刺激肠胃蠕动，促进大便排泄，帮助消化，对预防肠癌也有良好作用。

番茄

补血养颜，健胃消食，润肠通便 。

丝瓜

含多种维生素，具有除烦理气、解毒通便之功效。

苹果

有解暑、开胃的功效，可促进消化和肠壁蠕动，减少便秘。

香蕉

有大量的纤维素和铁质，有通便补血的作用,可有效防止因产妇卧床休息时间过长、胃肠蠕动较差而造成的便秘。 因其性寒，每日不可多食，食用前先用热水浸烫。

火龙果

有预防便秘、益智补脑、预防贫血、美白皮肤、防黑斑的功效，还具有瘦身、防大肠癌等功效。

便秘食疗方

松子仁粥

材料

松子仁 30 克，大米 50 克，蜂蜜 10 克。

做法

将松子仁洗净，用搅拌机绞碎，同大米一起放入锅内，加水，大火烧开转小火煮成稀粥，加蜂蜜调味即可。

功效

适于产后大便干结、排便困难者。

菠菜煮猪肝

材料

菠菜 250 克，猪肝 100 克，香油、盐、生姜粉各适量。

做法

菠菜择洗干净，切成小段；猪肝洗净切薄片，用盐、生姜粉拌匀，腌制 10 分钟；锅内放适量水烧开，放入菠菜及适量香油，菠菜快熟时再加入猪肝煮至熟透，加入盐即可。

功效

滋阴养血，运肠通便。菠菜含有大量的植物粗纤维，具有促进肠道蠕动的作用，利于排便。

产后身痛食疗方

归枣牛蹄筋花生汤

材料

牛蹄筋100克，花生米100克，红枣20颗，当归5克，精盐适量。

做法

将牛蹄筋洗净切块；将沙锅放适量清水，放入牛蹄筋、花生米、红枣、当归，大火烧开转小火炖至牛蹄筋烂熟，然后加入盐调味即可。

功效

具有补益气血、强壮筋骨的作用，适于产后气血两虚、肢体疼痛者食用。

香附去痛粥

材料

香附、鸡血藤、益母草各15克，当归10克，粳米100克。

做法

将所有药材洗净，放入沙锅中，加水煎熬30分钟；去渣取汁，放入粳米再加入适量水熬煮成粥即可。

功效

理气解郁，止痛调经，舒筋活血，适于手足麻木、胸腹胁肋胀痛、恶露排出不畅及产后身痛者。

产后发热食疗方

桃仁粥

材料

桃仁 15 克，大米 100 克，红糖适量。

做法

将桃仁洗净用搅拌机绞碎，与大米一同熬成粥，加红糖调味即可。

功效

活血去瘀，清热解毒，适于产后发热伴腹痛者。

归芪蒸鸡

材料

小柴鸡 1 只（500 克），黄芪 100 克，当归 30 克，葱段、姜片、黄酒、鲜汤、盐、胡椒粉各适量。

做法

当归、黄芪洗净，一同放入鸡腹内，然后将鸡腹朝上放在小盆中，摆上葱段、姜片，加入鲜汤、黄酒、胡椒粉，上笼蒸 2 小时取出，加盐即可。

功效

补气生血，清热，适于产妇低热伴贫血、虚弱出汗者。

红豆冬瓜皮茶

材料

红小豆 50 克，冬瓜皮 15 克。

做法

将红小豆洗净，冬瓜皮洗净、切块；将各种材料洗净一同下锅，加水煎熬 30 分钟左右即可。当茶饮用，连服 5 日。

功效

可清热、止血，适用于子宫复旧不良伴低热、恶露淋漓不尽者。

产后腹痛食疗方

益母草煮鸡蛋

材料

益母草 30 克，鸡蛋 2 个，红糖适量。

做法

将益母草洗净后加水与鸡蛋同煮，鸡蛋熟后剥去壳放回锅内，加入红糖再煮 10 分钟。

功效

散瘀止痛，增强子宫收缩，适于产后下腹痛伴恶露不下者。

川芎茶

材料

川芎 30 克，茶叶 5 克。

做法

将茶叶、川芎洗净，加水 500 毫升，煎至 200 毫升。代茶饮用。

功效

活血化瘀，刺激子宫收缩，适于产后淤阻腹痛、恶露少者。

当归生姜羊肉汤

材料

羊肉300克，当归20克，生姜6片，葱白、料酒、盐各适量。

做法

把羊肉汆一下，药材洗净；沙锅内放开水，加入羊肉、葱白、生姜和药材，小火慢炖1小时后加料酒和盐，炖烂为止。

功效

适于产后身体虚弱、腹痛者，有活血散寒的功效。

理气疏肝食疗方

王不留行穿山甲猪蹄汤

（具体做法参见第150页）

王不留行和穿山甲能通络下乳，疏肝解郁，有补血通乳、利水除湿、祛风止痛等功效。

丝瓜桃仁汤

材料

丝瓜1根，桃仁15克，麻油、带皮老姜、盐适量。

做法

将桃仁洗净浸泡半小时；将丝瓜洗净去皮、切块备用；锅内放麻油，中火烧热转小火放入姜片，爆至两面起皱但不焦黑，放水加桃仁，大火烧开转小火煎煮40分钟加入丝瓜，再煮10分钟，丝瓜煮烂加盐即可食用。

功效

丝瓜含有产妇需要的多种维生素，具有除烦、通经活络、理气的功效；桃仁具有活血祛淤的功能。

恶露不下食疗方

麻油炒猪肝（做法见本书第40页）

顺产后1～7天要吃麻油猪肝，具有破血、将子宫内的血块打散的作用，有助于子宫的污血排出体外。

山药炒猪肝（做法见本书第45页）

三七粥

材料

三七粉5克，大米50克，红糖适量。

做法

将大米淘洗干净，同三七粉一起下锅，煮至米烂汁稠时加入红糖即可。

功效

化淤止痛，益气养血，对产后淤血内阻所致的恶露不下有较好疗效。

红花糯米粥

材料

红花、当归各 10 克，丹参 15 克，糯米 100 克，红糖适量。

做法

将以上药材先用水煎，去渣取汁，然后同糯米一同煮粥，加红糖调味即可。

红豆醪糟蛋花汤

材料

红小豆 50 克，醪糟 200 克，鸡蛋 1 个，红糖适量。

做法

红小豆提前浸泡，加水煮烂，放入醪糟煮沸；鸡蛋打入碗内，搅匀后淋入，等漂起蛋花时加入红糖调味即可。

功效

补血散瘀，消除水肿，利水通乳，促进子宫收缩，排出恶露，还能帮助产妇恢复体形。

恶露不止食疗方

人参蒸乌鸡

材料

乌鸡1只（约500克），人参10克，盐适量。

做法

人参用温水泡软后切片，装入乌鸡腹腔内；将乌鸡放入容器内，加入适量盐和水，隔水蒸至鸡酥烂即可。

功效

活血化瘀，适于气血不足、产后恶露不尽者。

益母草木耳汤

材料

益母草50克，黑木耳30克，红糖适量。

做法

木耳提前泡发，将益母草洗净用纱布包上，同木耳一起放入锅内，煎煮3个半小时；将益母草取出，放入红糖稍煮即可。

功效

益母草活血祛淤，木耳有凉血、止血的功效，适用于产后血热、恶露不尽等。

乳汁外溢食疗方

党参红枣粥

材料

红枣 5 颗，党参 10 克，小米 50 克。

做法

红枣提前泡一会儿后去核，党参洗净用纱布包上，小米淘洗干净，将所有材料一同下锅，加水煮成粥即可。

功效

补气血，适于产后身体虚弱、乳汁外溢者。

回奶方

回奶俗称“断奶”，是指产妇在通过母乳喂养一段时间后，由于各种原因需要停止母乳喂养的情况。比如产妇乳房畸形、恶性肿瘤或手术导致的不能哺乳；产妇有严重疾病的，如肺结核、传染性肝炎、心脏病、精神病等也必须禁忌哺乳；需要出差或其他原因无法继续哺乳的。目前主要的回奶方法有两种，一种是人工回奶，一种是自然回奶。对于母乳喂养时间达到10个月以上的，新妈妈常可使用自然回奶的方法，而因为一些特殊原因或者其他疾病使进行母乳喂养的妈妈断奶的，多采用人工回奶的方法。

自然回奶

逐渐减少喂奶次数，缩短单次喂奶时间，这样随着宝宝吮吸刺激的减少就会使乳汁分泌量自然下降。同时应注意少进汤汁及下奶的食物，使乳汁分泌逐渐减少以至全无。

人工回奶、食物回奶法

麦芽糖

炒麦芽60克，加红糖适量，放锅内加水煮开，去渣饮用，每日1剂，连服3天。方法是：在药店（一般药店都能买到）里买回来炒好的大麦芽，用水煮，像煎中药一样，喝这个水就可以了。给宝宝准备断奶的头一天就开始喝，一般喝3天就可以了。同时多吃韭菜、茴香、花椒、大料，这些材料有回奶的功效。

生麦芽汁

材料

生麦芽 100 克，米酒水 1000 毫升，黑糖适量。

做法

将生麦芽洗净，放入米酒水中，大火烧开后转小火熬 1 个小时，加入黑糖搅拌后熄火，将汤汁滤出即可。

注：这是 1 天的量，1 天内分 2 次喝完，连服 3 日。

温馨提示

无论哪种回奶方法，都需要在回奶期间尽量减少对乳头的刺激，尽量不让宝宝吸吮乳头。同时，少喝液体食物，如牛奶、汤类，忌食那些促进乳汁分泌的食物，如猪蹄、鲫鱼、木瓜等，否则会前功尽弃。

镇静安神食材

莲子

可缓解焦躁情绪、清热解毒（便秘者忌服）。

桂圆

补气血、安神益智，可改善产后气血不足、体虚乏力，对于健忘、头晕失眠也有改善功效（阴虚火旺、月经量多者忌服）。

百合

具有清火，润肺、安神功效。

红枣

补血安神，活血止痛，与芹菜同煮可降低胆固醇。

丝瓜

含多种维生素，具有除烦理气、通经络之功效。

莲藕

有缓解神经紧张、帮助排便、促进新陈代谢、消除胀气之功效。

猪心

有补血安神、活血化瘀、疏通血脉、强化心脏的功效。

鸡心

有补心安神、理气舒肝、降压的功效。

冬虫夏草

含多种营养成分,可保肺益肾、镇静安神。

干贝

有稳定情绪作用，可治疗产后抑郁症。

冬瓜

清热毒，利小便，止渴除烦。

芹菜

镇静安神，有利于安定情绪、消除烦躁。

海鲜类食谱

虫草蒸对虾

材料

对虾 10 只 (约 200 克)，冬虫夏草 5 克，红枣 6 颗，绍兴酒、盐各适量。

做法

冬虫夏草洗净，放入沙锅，加水煎熬半小时，去渣取汁盛入碗中，加调味料调匀；对虾清洗后挑除虾线，洗净摆在盘子里，浇上调味药汤，放入蒸锅，以大火蒸 15 分钟即可。

功效

有补肾壮阳、养血化淤、解毒通乳、镇静安神之功效，对于乳汁不足、筋骨疼痛、产后手足疼痛、酸麻等症状有改善作用。

清炖甲鱼汤

材料

甲鱼 1 只，干香菇、红枣、莲子、桂圆、葱、姜、绍酒、盐各适量。

做法

将活甲鱼去头，宰杀放净血后放入锅内，加清水烧沸捞出，刮去黑皮，撕下硬盖，取出内脏，去爪，剁成小块；锅里放水烧开，添加料酒再放入甲鱼焯一下；把甲鱼盛到沙锅里，放入葱段、姜片、红枣、莲子、桂圆、绍酒，添加足量的水烧开，转小火炖 1 个半小时，加入盐调味即可。

功效

可滋阴补肾、化淤降火，对肝肾阴虚、营养不良、糖尿病、冠心病、贫血、体质虚弱等患者有一定的辅助作用。

注：炖汤时要一次加足水。

甲鱼宰杀的方法

将甲鱼翻过身来，背朝地，肚朝天，当它使劲儿翻身将脖子伸到最长时，迅速用快刀在脖根一剁，接着提起控净血，然后用沸水烫一下（视甲鱼的老嫩定时间，一般 2~5 分钟）。擦去外皮洗净放凉后，用剪刀在甲鱼的腹部剪开十字刀口，挖出内脏，剪下四肢和尾稍，把腿边的黄油拿掉，洗净就可以了。买甲鱼时让商家代为宰杀并处理干净后，再带回家煲汤会更加方便。

西洋参甲鱼汤

材料

活甲鱼 1 只（约 500 克），西洋参 30 克，红枣 3 颗，姜 3 片，黄酒、盐各适量。

做法

西洋参、红枣、姜洗净，将甲鱼宰杀后去头和内脏，剁成大块，洗净后备用；汤锅中倒入水，大火煮开后倒入黄酒，将甲鱼块和壳一起放入沸水中焯 2 分钟后捞出，并撕去甲鱼壳内侧透明的硬皮；沙锅内放入足量的清水，大火煮开后放入甲鱼煮 2 分钟，如果还有浮沫就再撇除干净，然后放入西洋参、红枣和姜片，开锅后转小火煲煮 2~3 个小时（根据甲鱼的老嫩定时间），出锅前加入盐调味即可。

功效

可以补气养阴、清火除烦、养胃。比起人参来，西洋参由于性温和，适合更多的人进补之用，而且四季皆宜。甲鱼的滋补功效是人尽皆知的，可治疗虚热烦倦，改善产后精神不济。

注：西洋参在中药店里可以买到，一些大的超市在营养品货架上也有卖。

燕窝常见做法

燕窝是滋补佳品，也是月子餐的最佳原料。产妇食用燕窝好处很多，但对蛋白质过敏的产妇和感冒、有肺热症状的产妇不适宜服用，剖宫产的产妇最好术后2周以后再服用。

选用燕窝时尽量到正规药店购买，以防买到用药水清洗的燕窝。用药水清洗的燕窝会诱发过敏。

下面介绍几种燕窝的做法。

燕窝乳鸽羹

材料

乳鸽1只，燕窝50克，红枣3颗，盐适量。

做法

燕窝先用清水清洗干净，用温水浸润至膨胀（也可用湿布包起来，放入塑料袋里密封，在冰箱里放一夜），取出来除去杂毛；把乳鸽清洗干净剁成小块，汆烫去浮沫；沙锅加水，鸽子、燕窝、红枣一同放入，炖至肉烂，放入盐调味即可食用。

功效

燕窝可补气润肺、滋养容颜、补虚养胃、滋阴润燥，鸽肉能滋肾益气、祛风解毒，两者结合，色香味都具备，是一道气血双补、美颜补虚的药膳。此羹适用于产后气血不足、面色无华、形容憔悴、气虚血亏者食用。

冰糖乳鸽燕窝羹

材料

乳鸽1只，冰糖50克，燕窝30克。

做法

将燕窝用温水浸润至膨胀，除去杂毛；乳鸽清理干净，剔骨去内脏，然后把肉切成块；将整理好的乳鸽、冰糖和燕窝一起放入锅内，加足量的水，大火烧开转小火煲至鸽子肉烂熟即可。

功效

此膳食味道甜软鲜香，别有风味，能大补气血、滋阴养颜。

注：燕窝炖至软滑而有弹性、晶莹剔透、夹起来滑而不断为最佳。

第6章

不同职业新妈妈饮食建议

不同职业的新妈妈坐月子的状况也不相同，所以可以根据不同的职业进行针对性的调理，可最大程度缓解因职业性质给新妈妈带来的不良影响。

久坐型新妈妈饮食建议

久坐型新妈妈因怀孕期间缺少运动，很容易出现下肢发胀、腰酸背痛等症状，月子餐应多吃一些利尿消肿、活血的食物，如红小豆、薏仁、冬瓜，当归、山药、木耳等。红小豆、薏仁、冬瓜都有利尿消肿、美颜瘦身的作用，当归可活血，山药能促进血液循环、帮助消化。以上这些食物能促进这类妈妈体内的血液循环，缓解水肿及下肢发胀。

脑力型新妈妈饮食建议

从事脑力工作的新妈妈，脑力支出严重，生完宝宝之后大多会出现面色晦暗、腰膝酸软、失眠健忘等症状，这类新妈妈的月子餐主要以补脑为主，如黑芝麻、核桃之类。

我们都知道核桃是补脑的最佳食品，其实核桃除了补脑以外，还有补气血、补肾、美颜、抗衰老、促进睡眠等功效，可改善失眠健忘等症状。黑芝麻可以预防产后脱发。

劳动型新妈妈饮食建议

这类新妈妈分娩前主要以体力劳动工作为主，比如做销售经常在外面跑，或是家务事过多繁重等，会因为过度劳累而导致产后腰酸背痛等。对于这类新妈妈，月子餐中可以多吃一些补气血的药膳，如当归、炙黄芪、党参、枸杞子、杜仲等。

当归、炙黄芪、党参可补血补气；枸杞子可明目补血、滋肾补肝，治疗产后腰膝酸软、疲倦乏力；杜仲能补肝肾、强筋骨，可治疗腰酸背痛。

月子食谱分类索引

米饭类（5 种）

薏米饭 51
糙米饭 59
黑米饭 65
五谷饭 72
黄豆糙米饭 84

粥类（24 种）

小米粥 30
红糖二米粥 32
四神猪肝粥 32
红薯白米粥 35
牛奶燕麦粥 36
红豆糯米粥 39
红枣小米粥 45
桂圆糯米粥 47
花生百合粥 49
红枣枸杞黑米粥 52
红枣桂圆小米粥 54
红豆薏米粥 56
养颜木瓜粥 71
理气疏肝粥 83
菠菜粥 88
山楂粥 92
黄花菜瘦肉粥 95
桃仁粥 99
小米黄豆粥 107
芝麻山药粥 110
芝麻粥 114
紫薯粥 128
鸡肝粥 139
芹菜粥 142

主菜类（43 种）

麻油炒猪肝 40
丝瓜炒鸡蛋 42
山药炒猪肝 45
清炒油麦菜 46
西芹炒鸡蛋 51
菠菜炒猪肝 57
山药木耳炖排骨（带汤） 60
烧茄子 60
白菜烧豆腐 61
圆白菜炒木耳 65
西红柿炒西葫芦 68
麻油炒猪腰 72
炒西蓝花 73
药膳排骨 74
香菇炒油菜 75
山药炒腰花 77
烧冬瓜 78
芹菜炒肉丝 79
西红柿炒鸡蛋 80
杜仲炒腰花 84
山药炒木耳 86
花生黄豆炖猪蹄 89
菜花炒肉片 89
黄瓜炒鸡蛋 90

菠菜炒鸡蛋 93
炒红萝卜丝 93
归芪猪心 100
通草蒸鲫鱼 101
麻油鸡 103
莴笋炒鸡蛋 111
清炒蒿子秆 112
药膳炖鸡 115
西红柿炖牛腩 119
山药炖鸡 119
冬虫夏草炖羊腩 125
冬瓜炒肉片 132
炒土豆丝 132
月子醪糟鸡 134
红烧鸡翅 137
黄豆炖牛肉 140
四季豆炖肉片 142
麻油煎鸭蛋 144
生姜炖羊肉 145

主汤类（21种）

清炖鸽子汤 46
补气养血公鸡汤 52
枸杞鸽子煲靓汤 66
鲫鱼五味子汤 68
鲫鱼豆腐汤 73
通草鲫鱼汤 78
莲藕排骨汤 85
山药排骨汤 96
黄芪鲈鱼汤 104
桃仁莲藕猪骨汤 108
花生黄豆猪蹄汤 111
当归鱼汤 116
猪蹄瓜菇汤 122
莲藕花生猪尾汤 123
归枣牛蹄筋花生汤 126
黄芪当归乌鸡汤 129
猪蹄肉皮汤 131
冬瓜丸子汤 134
当归羊肉汤 136
通草枸杞鲫鱼汤 140
当归黄芪排骨汤 145

加餐类（23种）

生化汤 33
美颜红豆汤 34
养肝汤（神奇茶） 35
醪糟蛋花汤 42
山药红豆汤 43
红枣银耳莲子汤 50
苹果奶昔 54
木瓜牛奶 58
花生豆奶 61
百合莲子羹 62
木瓜牛奶蒸蛋 64
木瓜银耳养颜汤 66
甜蜜桂圆红豆沙 69
红枣牛奶核桃露 74
薏香豆浆 77
桂圆蜜枣炖木瓜 79
花生黄豆浆 80
芝麻核桃仁汤 85
芝麻黑豆浆 96
山药桂圆甜枣汤 97

核桃芝麻豆浆 99
花生双豆浆 103
水果羹 104

月子饮料类（10 种）

红糖水 37
美颜茶 40
月子饮料 75
开胃瘦身茶 81
桂圆荔枝壳汤 86
红枣芹菜汤 90
木耳益母茶 97
杜仲茶 101
红枣枸杞茶 107
消脂瘦身茶 112

参考书目：《广和堂月子餐》，作者：章惠如。

图书在版编目（CIP）数据

和金牌月嫂学做月子餐/周英编著.－北京：中国妇女出版社，2015.1（2025.1重印）

ISBN 978－7－5127－0938－6

Ⅰ.①和…　Ⅱ.①周…　Ⅲ.①产妇－妇幼保健－食谱　Ⅳ.①TS972.164

中国版本图书馆CIP数据核字(2014)第207537号

和金牌月嫂学做月子餐

作　　者：周　英　编著
责任编辑：赵延春
装帧设计：天露霖文化
责任印制：李志国
出版发行：中国妇女出版社
地　　址：北京市东城区史家胡同甲24号　　邮政编码：100010
电　　话：(010) 65133160（发行部）　　65133161（邮购）
法律顾问：北京市道可特律师事务所
经　　销：各地新华书店
印　　刷：小森印刷（北京）有限公司
开　　本：185×235　1/12
印　　张：15.5
字　　数：45千字
版　　次：2015年1月第1版
印　　次：2025年1月第27次
书　　号：ISBN 978－7－5127－0938－6
定　　价：39.80元